U0234345

工业机器人技术

主　编　陈长远　郭美君

副主编　张　晨　王　坤　崔玉茜

参　编　周照炜　马子良　钟　亮　杨成芳

　　　　胡勇强　李　琪　施立群　任亚军

北京理工大学出版社

BEIJING INSTITUTE OF TECHNOLOGY PRESS

图书在版编目（CIP）数据

工业机器人技术 / 陈长远，郭美君主编. —北京：北京理工大学出版社，2019.5
ISBN 978-7-5682-7083-0

Ⅰ. ①工… Ⅱ. ①陈… ②郭… Ⅲ. ①工业机器人–高等职业教育–教材 Ⅳ. ①TP242.2

中国版本图书馆 CIP 数据核字（2019）第 096636 号

出版发行 / 北京理工大学出版社有限责任公司
社　　址 / 北京市海淀区中关村南大街 5 号
邮　　编 / 100081
电　　话 / （010）68914775（总编室）
　　　　　（010）82562903（教材售后服务热线）
　　　　　（010）68948351（其他图书服务热线）
网　　址 / http://www.bitpress.com.cn
经　　销 / 全国各地新华书店
印　　刷 / 涿州市新华印刷有限公司
开　　本 / 787 毫米×1092 毫米　1/16
印　　张 / 13　　　　　　　　　　　　　　　　　　责任编辑 / 钟　博
字　　数 / 310 千字　　　　　　　　　　　　　　　文案编辑 / 钟　博
版　　次 / 2019 年 5 月第 1 版　2019 年 5 月第 1 次印刷　责任校对 / 周瑞红
定　　价 / 58.00 元　　　　　　　　　　　　　　　责任印制 / 施胜娟

前言 Preface

　　工业机器人指应用于生产过程与环境的机器人。国际机器人联合会（IFR）根据ISO8373将工业机器人定义为一种固定或移动地应用在工业自动化中的可自动控制、可重复编程、多用途、三轴或更多轴机器。

　　随着技术的进步，德国率先提出了"工业4.0"的概念，致力于发展智能工程、智能生产和智能物流的柔性智能产销体系，工业机器人的应用领域也在快速扩展。目前国内工业机器人的主要应用领域是汽车、电子电气、橡胶塑料、冶金、食品、药品、化妆品等。过去5年间，中国连年跻身全球最大工业机器人消费国，去年更是创出历史峰值纪录。技术逐步成熟，核心零部件价格下降，国内工业机器人产销量大涨。2017—2018年，国内工业机器人公司在本体产量、核心部件、基础技术三方面均取得重要突破。国产机器人与海外机器人的差距进一步缩小，性价比优势明显，产销量同比大涨。

　　新一代工业机器人功能更加强大，体积趋于小巧，应用更加灵活。新松工业机器人制造公司对生产线进行了自动化升级改造，工业机器人能够在无人监督的情况下连续工作长达数周，激光切割、等离子爆炸喷涂、喷射铸造等都实现了无人干预的生产方式。随着科技发展和产品的不断升级，今后制造业使用的设备价格将会相对降低，操作更加简单。尽管机器人能自动实现打磨、搬运、码垛、电焊等功能，但它不会完全取代操作者。

　　本书从实用性和可操作性出发，面向高等院校电气类专业的学生，内容以新松工业机器人及其仿真系统为平台，以工业机器人应用的核心技术为主线，从仿真到实体，简明扼要、图文并茂、通俗易懂。本书遵循"先进性、实用性、可读性"原则，采取案例教学的编写形式，激发学生的学习兴趣，提高教学效果，力求达到易学、易懂。

编　者

目录
Contents

▶ **第1章　工业机器人的概念** 1

1.1　工业机器人的定义 1
1.2　工业机器人的构成 1
1.3　工业机器人的种类及应用 2
　　1.3.1　工业机器人的种类 2
　　1.3.2　工业机器人的应用 3

▶ **第2章　码垛机器人的编程操作** 4

2.1　码垛方式 5
　　2.1.1　码垛机器人介绍 5
　　2.1.2　码垛配置 12
　　2.1.3　码垛指令 16
　　2.1.4　运动指令 17
2.2　码垛编程实例 20
　　2.2.1　新建项目的过程 20
　　2.2.2　真空吸盘 31
2.3　编程补充知识点 32
　　2.3.1　机器人坐标系 32
　　2.3.2　用户坐标系 32

▶ **第3章　搬运机器人的编程操作** 35

3.1　工业流水线 35
3.2　PLC 程序说明 39
　　3.2.1　软件介绍 39
　　3.2.2　程序说明 39
　　3.2.3　人机界面操作 45
　　3.2.4　PLC 与机器人接口 49
　　3.2.5　ANYBUS 网关配置 50
3.3　程序 53
3.4　电气维护 61

3.4.1 维护安全 ··· 61
3.4.2 生产前安全培训 ·· 61
3.4.3 严格遵守现场操作安全规定 ······································ 61
3.4.4 机器人操作原则 ·· 61
3.4.5 维护期间机器人安全操作原则 ··································· 62
3.4.6 机器人电气维护注意事项 ··· 63
3.4.7 系统维护 ··· 63
3.5 电气故障 ·· 64

▶ 第4章 激光切割机器人编程操作 ······························· 66

4.1 切割编程实例 ·· 66
4.2 编程知识点 ··· 67
4.2.1 工具坐标系 ·· 67
4.2.2 工具坐标系的设置 ·· 68
4.2.3 工具坐标系的标定 ·· 69
4.2.4 工具坐标系姿态的标定 ·· 70
4.2.5 工具坐标系的设定 ·· 70
4.2.6 工具坐标系的清除 ·· 71
4.2.7 作业中的工具坐标系号的选择 ····································· 72
4.2.8 当前坐标系号的查看和设置 ·· 72
4.2.9 选择工具坐标系号的注意事项 ····································· 72
4.3 示教点偏移功能 ·· 73
4.3.1 示教点位置偏移功能的分类 ·· 74
4.3.2 依据配置文件进行偏移 ·· 74
4.3.3 依据位置变量进行偏移 ·· 75

▶ 第5章 打磨机器人的编程操作 ································· 78

5.1 打磨机器人的系统构成 ·· 78
5.1.1 工作站电气组成说明 ··· 78
5.1.2 电气图纸说明 ·· 80
5.1.3 电气接线说明 ·· 87
5.2 伺服电机调速 ·· 88
5.2.1 软件介绍 ··· 88
5.2.2 程序说明 ··· 88
5.2.3 触摸屏操作 ·· 96
5.2.4 PLC与机器人接口 ·· 100
5.3 打磨编程实例 ·· 114

▶ **第6章　电气与机械维护** ·· 119

6.1　维护安全 ·· 119
　　6.1.1　生产前安全培训 ·· 119
　　6.1.2　执行模式下的安全操作原则 ······························ 120
　　6.1.3　检查期间的安全操作原则 ·································· 120
　　6.1.4　维护期间的安全操作原则 ·································· 120
6.2　电气维护 ·· 121
　　6.2.1　电气维护安全注意事项 ······································ 121
　　6.2.2　控制柜内部结构 ·· 121
　　6.2.3　元器件介绍 ·· 123
　　6.2.4　外部轴接口说明 ·· 126
　　6.2.5　外部轴码盘连接 ·· 127
　　6.2.6　用户 I/O 接口 ·· 127
　　6.2.7　本体介绍 ··· 128
　　6.2.8　本体码盘电池 ··· 129
　　6.2.9　本体手动松抱闸板 ·· 129
　　6.2.10　机器人本体上用户 I/O 接口 ······························ 131
　　6.2.11　维护 ·· 131
　　6.2.12　控制柜的维护 ··· 132
　　6.2.13　本体的维护 ·· 133
　　6.2.14　更换部件 ·· 134
6.3　机械维修 ·· 134
　　6.3.1　安全警示标识 ··· 134
　　6.3.2　采用配套外部设备 ·· 137
　　6.3.3　严格遵守现场操作安全规定 ································ 137
　　6.3.4　操作原则 ··· 137
　　6.3.5　技术参数 ··· 138
　　6.3.6　维护前的注意事项 ·· 140
　　6.3.7　维护清单 ··· 140
　　6.3.8　轴润滑脂更换步骤 ·· 141
　　6.3.9　管线包维护 ·· 141
　　6.3.10　调整 ·· 142
　　6.3.11　零位 ·· 142
　　6.3.12　更换零部件 ·· 144
6.4　故障诊断与排除 ·· 148

▶ **第7章　离线示教** ·· 152

7.1 　基本介绍 ·· 152
7.2 　图形界面介绍 ·· 153
7.3 　软件的安装及介绍 ·· 155
　7.3.1 　软件的安装 ··· 155
　7.3.2 　建立虚拟工作站 ··· 157
　7.3.3 　机器人示教 ··· 158
　7.3.4 　关于点位的配置项 ······································· 159
　7.3.5 　与 SR_CAM_SoftWare 软件结合使用 ···················· 161
　7.3.6 　菜单介绍 ··· 163
7.4 　实例 1：打磨抛光 ··· 174
7.5 　实例 2：淋涂 ·· 181
7.6 　机器人常见报警信息与解决方案 ································ 189

▶ **附录　紧急安全手册** ·· 190

第 ① 章

工业机器人的概念

1.1 工业机器人的定义

工业机器人是面向工业领域的多关节机械手或多自由度的机器装置，能自动执行工作，是靠自身动力和控制能力来实现各种功能的一种机器。工业机器人可以接受人类指挥，也可以按照预先编排的程序运行，现代的工业机器人还可以根据人工智能技术制定的原则纲领行动。

美国机器人协会（RIA）对工业机器人的定义为："工业机器人是用来进行搬运材料、零部件、工具等可再编程的多功能机械手，或通过不同程序的调用来完成各种工作任务的特种装置。"

日本工业机器人协会（JIRA）对工业机器人的定义为："工业机器人是一种装备有记忆装置和末端执行器的、能够转动并通过自动完成各种移动来代替人类劳动的通用机器。"

在我国 1989 年的国际草案中，工业机器人被定义为："一种自动定位控制、可重复编程的、多功能的、多自由度的操作机。"操作机被定义为："具有和人的手臂相似的动作功能，可在空间抓取物体或进行其他操作的机械装置。"

国际标准化组织（ISO）曾于 1984 年将工业机器人定义为："机器人是一种自动的、位置可控的、具有编程能力的多功能机械手，这种机械手具有几个轴，能够借助可编程序操作来处理各种材料、零件、工具和专用装置，以执行各种任务。"

1.2 工业机器人的构成

工业机器人由本体、驱动系统和控制系统 3 个基本部分组成。本体即机座和执行机构，包括臂部、腕部和手部，有的机器人还有行走机构。驱动系统包括动力装置和传动机构，用以使执行机构产生相应的动作。控

多结构形式工业机器人

1

制系统按照输入的程序对驱动系统和执行机构发出指令信号,并进行控制。工业机器人本体一般采用空间开链连杆机构,其中的运动副(转动副或移动副)常称为关节,关节个数通常称为工业机器人的自由度数,大多数工业机器人有 3～6 个运动自由度。根据关节配置形式和运动坐标形式的不同,工业机器人执行机构可分为直角坐标式、圆柱坐标式、极坐标式和关节坐标式等类型。

工业机器人的构成

1.3 工业机器人的种类及应用

1.3.1 工业机器人的种类

1. 按系统功能分

1)专用机器人

这种工业机器人在固定地点以固定程序工作,无独立的控制系统,具有动作少、工作对象单一、结构简单、使用可靠和造价低的特点,如附属于加工中心机床的自动换刀机械手。

2)通用机器人

通用机器人是一种控制系统独立、动作灵活多样,通过改变控制程序能完成多作业的工业机器人。它的结构较复杂,工作范围大,定位精度高,通用性强,适用于不断变换生产品种的柔性制造系统。

3)示教再现式机器人

这种工业机器人具有记忆功能,可完成复杂的动作,适用于多工位和经常变换工作路线的作业。示教再现式机器人比一般通用机器人的先进之处在于编程方法,对于这种工业机器人,能采用示教法进行编程,由操作者通过手动控制,"示教"机器人做一遍操作示范,完成全部动作过程以后,其存储装置便能记忆所有工作的顺序。此后,它便能"再现"操作者教给它的动作。

4)智能机器人

这种机器人具有视觉、听觉、触觉等各种感觉功能,能够通过比较识别作出决策,自动进行反馈补偿,完成预定的工作。

2. 按驱动方式分

1)电气驱动机器人

电气驱动机器人是由交、直流伺服电动机,直线电动机或功率步进电动机驱动的工业机器人。它不需要中间转换机构,故机械结构简单。近年来,机械制造业大部分采用这种工业机器人。

2)气压传动机器人

气压传动机器人是一种以压缩空气来驱动执行机构运动的工业机器人,具有动作迅速、结构简单、成本低的特点。空气的可压缩性往往会造成其工作稳定性差。其一般抓重不超过 30 kg,适合在高速、轻载、高温和粉尘大的环境中作业。

3. 按结构形式分

1)直角坐标机器人

直角坐标机器人的主机架由 3 个相互正交的平移轴组成,具有结构简单、定位精度高的特点。

2）圆柱坐标机器人

圆柱坐标机器人由立柱和一个安装在立柱上的水平臂组成。立柱安装在回转机座上，水平臂可以伸缩，它的滑鞍可沿立柱上下移动，因此，它具有一个旋转轴和两个平移轴。

3）关节机器人

关节机器人手臂的运动类似于人的手臂，其由大、小两臂的立柱等机构组成。大、小两臂之间用铰链连接形成肘关节，大臂和立柱连接形成肩关节，可实现三个方向的旋转运动。关节机器人能够抓取靠近机座的物件，也能绕过机体和目标间的障碍物去抓取物件，具有较高的运动速度和极高的灵活性，是最通用的机器人。

1.3.2　工业机器人的应用

自从 20 世纪 50 年代末人类创造了第一台工业机器人以后，工业机器人就显示出强大的生命力，在短短 40 多年的时间内，机器人技术得到了迅速发展。目前，工业机器人已广泛应用于汽车及其零部件制造业、机械加工行业、电子电气行业、橡胶及塑料工业、食品饮料工业、木材与家具制造业等领域。在工业生产中，弧焊机器人、点焊机器人、装配机器人、喷漆机器人及搬运机器人等工业机器人都已被大量采用。工业机器人及成套设备之所以能得到广泛应用，原因在于工业机器人的使用不仅能将工人从繁重或有害的体力劳动中解放出来，解决劳动力短缺问题，而且能够提高生产效率和产品质量，增强企业的整体竞争力。服务型机器人通常是可移动的，代替或协助人类完成为人类提供服务和安全保障的各种工作。工业机器人不仅可以代替工人的劳动，还可以作为可编程的、具有高度柔性、开放的加工单元集成到先进的制造系统中，适用于多品种大批量的柔性生产，可以提升产品的稳定性和一致性，在提高生产效率的同时加快产品的更新换代，对提高制造业的自动化水平起到了很大作用。

第 2 章

码垛机器人的编程操作

近年来工业机器人自动化生产线不断出现，工业机器人自动化生产线的市场越来越大，并且逐渐成为自动化生产线的主要方式。过去的自动化码垛作业大部分是由机械式码垛机完成或人工完成，由于结构等因素的限制，机械式码垛机存在占地面积大、程序更改麻烦（甚至无法更改）、耗电量大等缺点，而人工搬运则劳动量大。在一些实际应用中，工业机器人的应用正逐渐改变这一问题。码垛机器人是近代自动控制领域出现的一项高新技术，涉及力学、机械学、电气液压气压技术、自动控制技术、传感器技术、单片机技术和计算机技术等学科领域，已成为现代机械制造生产体系中的重要组成部分。它的优点是可以通过编程完成各种预期的任务，在自身结构和性能上有了人和机器各自的优势，尤其体现出了人工智能和机器人的适应性。本章的学习目标，其一是让学生了解当代机器人在工业中的应用与发展，理解码垛机器人的一般工作原理；其二是通过编程设计码垛机器人，理解传感器的工作原理，掌握程序的设计思想，并且使机器人能完成简单的项目任务。

本章目标

（1）掌握机器人项目实现的一般方法和技巧，掌握程序的优化方法。

（2）能够通过小组合作搭建具有一定功能的机器人结构，能够对机器人结构进行创新、优化设计。

（3）增强对结构、系统等技术思想的理解，激发对机器人的兴趣，加深对技术的理性思考。

2.1　码垛方式

2.1.1　码垛机器人介绍

码垛机器人提供快捷的码垛操作，客户可通过配置码垛的行、列等属性利用码垛指令进行方便快捷的操作。

1. 码垛机器人系统

码垛机器人系统主要包括机器人本体、控制柜、示教盒三部分，如图 2-1 所示。

2. 机器人本体

机器人本体上一般有 6 个轴，6 个轴都是旋转轴。机器人本体及各轴运动示意如图 2-2 所示。

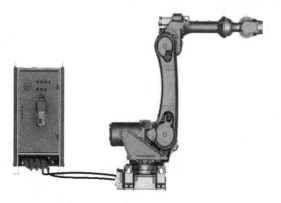

图 2-1　码垛机器人系统构成

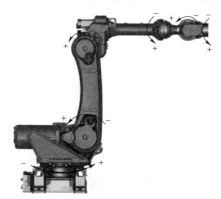

图 2-2　机器人本体及各轴运动示意

3. 控制柜

码垛机器人控制柜前面板上有控制柜电源开关、门锁以及各按钮及指示灯，示教盒悬挂在挂钩上，如图 2-3 所示。

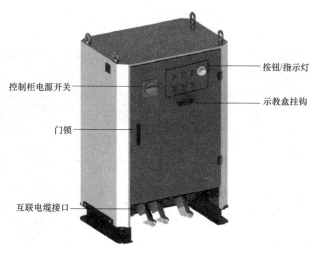

图 2-3　控制柜

5

4. 按钮/指示灯介绍

控制柜上的按钮/指示灯如图 2-4 所示。

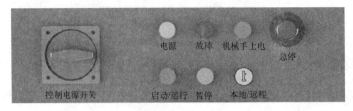

图 2-4　控制柜上的按钮/指示灯

（1）"电源"指示灯：当控制柜电源接通后，"电源"指示灯亮。

（2）"故障"指示灯：当机器人控制系统发生报警时，该指示灯亮；当报警被解除后，该指示灯熄灭。

（3）"机械手上电"指示灯：在示教模式下，伺服驱动单元上动力电，再按 3 挡使能开关，给伺服电机上电，该指示灯亮；在执行模式下，伺服驱动单元及电机同时上电，该指示灯亮。

（4）"启动"按钮/"运行"指示灯：此处既是按钮，又是指示灯。当系统处于执行模式时，"启动"按钮指定程序自动运行。当程序自动运行时，"运行"指示灯亮。

（5）"暂停"按钮/指示灯：其既是按钮，又是指示灯。当系统处于执行模式时，按下该按钮可暂停正在自动运行的程序，再次按下该按钮，程序可以继续运行。当程序处于暂停状态时，该指示灯亮。

（6）"本地/远程"开关：当开关旋转至"本地"时，机器人自动运行由控制柜按钮实现；当开关旋转至"远程"时，机器人自动运行由外围设备控制实现。

（7）"急停"按钮：按下该按钮时，伺服驱动及电机动力电立刻被切断，如果机器人正在运动，则立刻停止运动，停止时没有减速过程；旋转拔起该按钮可以解除急停。在非紧急情况下，如果机器人正在运行，请先按下"暂停"按钮，不要在机器人运动过程中直接关闭电源或按下"急停"按钮，以免对机械造成冲击损害。

5. 示教盒

示教盒是一个人机交互设备。通过示教盒可以操作机器人运动、完成示教编程、实现对系统的设定、诊断故障等，如图 2-5 所示。

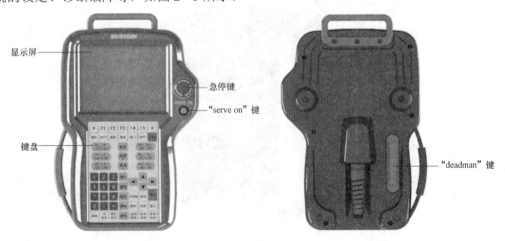

图 2-5　示教盒

示教盒上的按键都有特定功能，见表 2-1。

表 2-1 示教盒上的按键功能

按键	说　　明
急停 	切断伺服电源，屏幕上显示急停信息
serve on	伺服上电，在示教模式下仍需配合 3 挡使能开关才能操作机器人
deadman（3 挡使能开关） 	电机上电，在示教盒背面，当轻轻按下该键时电源接通，用力按下或者完全松开该键时电源切断
左按键 右按键 > <	切换快捷菜单
快捷功能键 F1 ~ F5	"F1""F2""F3""F4""F5"为快捷功能键，分别对应当前显示屏上快捷菜单中的功能
选择模式 模式	选择"示教""执行"模式
实现第二功能 SHIFT	与其他按键同时使用，实现不同功能
机器人使能 使能	工业机器人不使用此键
选择 选择	可执行范围选择指令，进行复制、剪切、粘贴等操作
切换窗口 窗口	切换当前窗口，需配合 SHIFT 按键选择打开窗口个数
主菜单功能 主菜单	显示主菜单功能

按　键	说　　明
选择坐标系 **坐标**	选择当前坐标系：关节坐标、直角坐标、工具坐标、用户坐标
设定执行速度 **速度+** **速度−**	手动执行速度加/减设定，以"微动→慢速→中速→快速"的方式循环设定速度
进行轴操作 X+ X− (J1) (J1) Y+ Y− (J2) (J2) Z+ Z− (J3) (J3) Rx+ Rx− (J4) (J4) Ry+ Ry− (J5) (J5) Rz+ Rz− (J6) (J6)	对机器人各轴进行操作。在示教模式下，只有同时按住"deadman"键和轴操作键，机器人才动作。机器人按照选定坐标系和手动速度运行，在进行轴操作前，务必确认设定的坐标系和手动速度是否正确
数值键 1 2 3 4 5 6 7 8 9 0 . −	按数值键可输入键上的数值和符号，"."是小数点，"−"是负号
预留键 **OP1** ~ **OP5**	根据不同应用，功能定义不同
光标键 ◄ ▲ ► ▼	按此键时，光标朝箭头方向移动。根据画面的不同，光标的大小、可移动的范围和区域有所不同。与"SHIFT"键一起使用，可以实现上下翻页、回首行、回末行等功能
选择外部轴 **外部轴**	本体轴以外的其他轴被定义为外部轴，通过此键，可以操作外部轴
取消	取消不想保存的设置修改，取消已修正的或不严重的错误报警
确认	执行命令或数据的登录、机器人当前位置的登录、不编辑操作等相关的各项处理时的最后确认。在缓冲行中输入显示的命令或数据后按此键，会输入到显示屏的光标所在位置；完成输入、插入、删除、修改等操作

续表

按键	说　　明
删除	在程序编辑时起删除作用。与"确认"键配合使用，可以删除光标所选择的程序行
修改	在程序编辑时起修改作用。与"确认"键配合使用，可以修改光标所在程序行的指令参数
插入	在程序编辑时起插入作用。与"确认"键配合使用，可以在程序中向下插入一行指令
退格	输入字符时，删除最后一个字符
IO 状态	查询 I/O 状态，可在输入信号、输出信号之间切换，强制输出信号
实时 显示	实时显示机器人的位置信息，包括关节值、姿态值和码盘值等
正向 运动	在示教模式下检查程序。按住"deadman"键，再按住"正向运动"键，程序逐行向下执行
反向 运动	在示教模式下检查程序。按住"deadman"键，再按住"反向运动"键，程序逐行向上执行

6. 示教盒显示屏界面布局

示教盒显示屏的大小为 12 行×40 列，如图 2-6 所示。显示屏分为状态提示行（第 1 行）、数据信息区（第 2~8 行）、语句提示行（第 9 行）、参数输入行（第 10 行）、信息提示行（第 11 行）和软件提示行（第 12 行）。

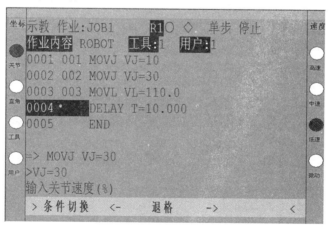

图 2-6　示教盒显示屏界面布局

状态提示行如图 2-7 所示。

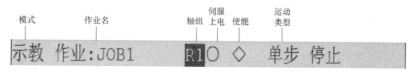

图 2-7　状态提示行

9

1）模式

指明当前机器人的模式状态。按示教盒上的"模式"键可以切换机器人模式。机器人分示教模式和执行模式。在示教模式下，操作者可以通过示教盒操作机器人各轴运动，对系统进行配置，查询系统故障信息、I/O 状态等。在执行模式下，机器人可以自动执行示教好的作业。

2）作业名

指明当前正在打开的作业，该作业可以被编辑、自动执行。

3）轴组

示教盒有 6 组轴操作键，可以控制本体的轴运动，当轴超过本体轴数时，需要分多个轴组，通过外部轴键选择轴组，然后用轴操作键控制该轴组的轴运动。

"R1"对应机器人本体上的轴组；"Ex"对应机器人外部轴。

4）伺服上电

表示伺服上电状态。"○"表示伺服没有上电，"●"表示伺服已经上电。

伺服上电按键在示教盒的急停按键下方。伺服上电后，只有切换示教/执行模式或按急停按键才能伺服下电。

5）使能

在示教模式下表示使能状态；在执行模式下显示程序状态。

"◇"表示没有使能，"◆"表示已经使能。示教盒上通过 3 挡使能开关切换使能状态。

在示教模式下，伺服上电后，必须先按"使能"按键才能操作机器人运动。在执行模式下，伺服上电后，直接按"启动"按键，程序便可以立刻运行。

6）运动类型

显示当前轴快捷插入运动指令的运动类型。快捷插入运动指令类型可以在"MOVJ""MOVL""MOVC"中进行选择。快捷插入运动指令的方法为，运动机器人到某一点后直接按"确认"键或"插入+确认"键，即可快速插入一条运动指令。

在执行模式下，机器人程序状态包括启动、暂停、急停。数据信息区如图 2-8 所示。数据信息区显示作业内容、参数设置、I/O 状态等信息。

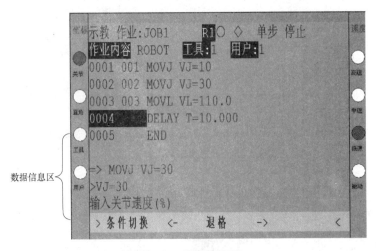

图 2-8　数据信息区

语句提示行如图 2−9 所示。在记录指令的时候，该行显示将被记录的指令；在不记录指令的时候，该行不显示任何内容。

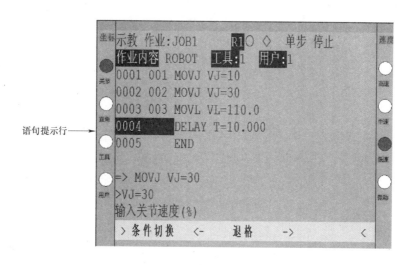

图 2−9　语句提示行

参数输入行如图 2−10 所示。在记录指令或修改参数的时候，参数的输入在参数输入行上完成。其他时候，该行不显示任何内容。

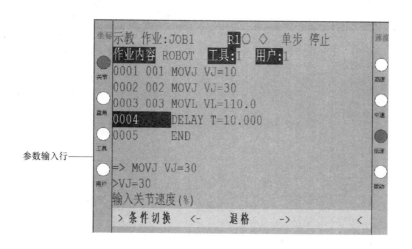

图 2−10　参数输入行

信息提示行如图 2−11 所示。错误信息、提示信息在信息提示行显示。

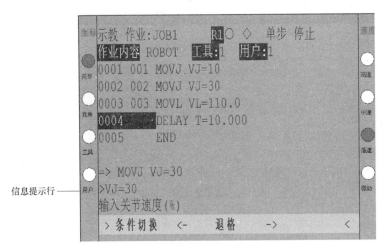

图 2-11　信息提示行

　　软件提示行如图 2-12 所示。该行显示当前可选择的菜单，每页最多显示 5 个菜单，用快捷功能键选择相应菜单。

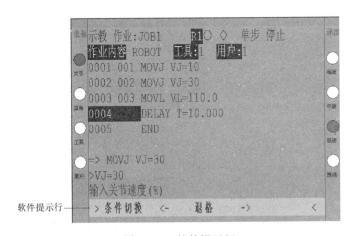

图 2-12　软件提示行

7. 菜单构成

示教模式下的菜单构成如图 2-13 所示。

执行模式下的菜单构成如图 2-14 所示。

2.1.2　码垛配置

（1）用户坐标系配置是码垛功能的基础，码垛配置中的行码垛和列码垛就是参照用户坐标的 X，Y 方向进行定义的，码垛的动作是相对用户坐标系中的位移运动，所以在进行码垛位置示教前需要标定用户坐标系。用户坐标系如图 2-15 所示。

　　用户坐标系通常设定在托盘上平面的一角，标定的方法使用"3 点法"，第一点确定用户坐标系的原点，第二点确定用户坐标系的 X 轴方向，第三点确定用户坐标系的 Y 轴方向，用户坐标系的 Z 轴方向由右手定则确定。

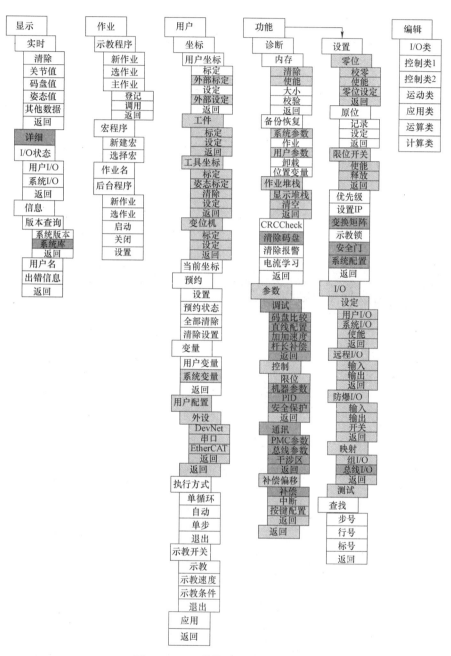

图 2-13　示教模式下的菜单构成

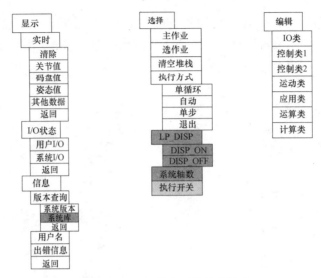

图 2-14 执行模式下的菜单构成

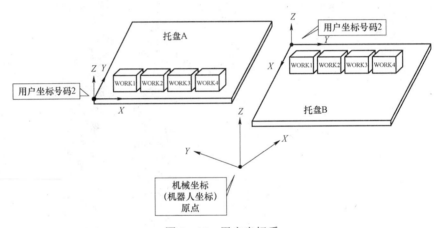

图 2-15 用户坐标系

（2）码垛机器人支持 8 个码垛设置文件，码垛设置（配置托盘属性）界面如图 2-16 所示。

| 示教 作业：11 | R1 ○ ◇ MOVJ 用户 |
| 配置托盘属性 | 文件号：1 |

层高度（mm）	300
工件总数（个）	9
每行工件数	3
每列工件数	1
每行工件偏置	200
每列工件偏置	100

>

下一个　上一个　<-　->　退出

图 2-16 码垛设置界面

① 层高度：每层的高度，单位为 mm，可以精确到 0.1 mm。

② 工件总数：该托盘需要码垛的工件总个数，根据工件总数和层高度，机器人会自动

计算码垛的层数。

③ 每行工件数：用户坐标系 X 方向的工件数。

④ 每列工件数：用户坐标系 Y 方向的工件数。

⑤ 每行工件偏置：X 方向上相邻码垛工件抓取点之间的距离，应保证其足够大，以使工件可以放置进去。每行工件偏置数值是工件宽（长）与工件之间相应方向的间隔距离的和，可以精确到 0.1 mm。

⑥ 每列工件偏置：Y 方向上相邻码垛工件抓取点之间的距离，应保证其足够大，以使工件可以放置进去。每列工件偏置数值是工件宽（长）与工件之间相应方向的间隔距离的和，可以精确到 0.1 mm。

注意：工件数参数需要输入整数。

进入码垛设置的操作如图 2 – 17 所示。

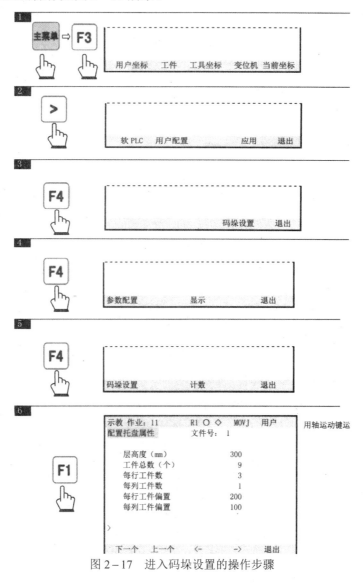

图 2–17　进入码垛设置的操作步骤

对于码垛设置（配置托盘属性）文件，可以通过按"上一个""下一个"按键进行文件的切换。

不同的码垛设置文件可以一起修改，然后退出保存。

托盘属性文件中的参数值必须是整数，且要大于或等于 0，若输入小于 0 的数值，系统会自动将其修改为 0。

（3）计数器设置。

计数器设置的文件有 8 个，分别对应 8 个码垛设置（配置托盘属性）文件，也就是说，码垛设置和计数器文件一一对应。

在码垛过程中计数器自动计数，当系统断电计数器清零后或在某些特殊情况下，可以设置计数器，让机器人从待定位置开始码垛。

进入计数器设置界面的操作如图 2-18 所示（接上面进入码垛设置的操作步骤 5）。

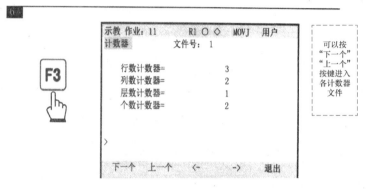

图 2-18　进入计数器设置界面的操作步骤

2.1.3　码垛指令

码垛指令及详细介绍见表 2-2。

表 2-2　码垛指令及详细介绍

码垛指令	详细介绍		
PAL　S	功能	码垛开始标志指令	
	格式	PAL S<参数项 1><参数项>	
	说明	参数项 1	码垛模式：目前支持两种模式，两种模式分别为按照行码垛和按照列码垛
		参数项 2	码垛设置文件号：通常把码垛托盘当作一个单位，一个码垛托盘分配一组计数器和一组码垛设置，与用户坐标系绑定使用
	举例	PAL　S 1 2	
PAL　L	功能	码垛以直线移动到示教点，含位置点信息	
	格式	PAL L VL=<参数项>	
	说明	参数项	直线运动速度，数值范围为 1～1 600 mm/s，数值范围可能因机器人型号的不同而不同

码垛指令		详细介绍	
	举例	PAL L VL=400	
PAL　J	功能	码垛以关节插补移动到示教点，含位置点信息	
	格式	PAL J VJ=<参数项>	
	说明	参数项	关节运动速度，数值范围为 1%～99%
	举例	PAL J VJ=50	
PAL　E	功能	码垛完成指令	
	格式	PAL E #<参数项>	
	说明	参数项	输出 I/O 号，码垛结束（满载）的输出信号
	举例	PAL E #15	
PAL　R	功能	码垛计数器复位指令	
	格式	PAL R<参数项>	
	说明	参数项	计数器文件号
	举例	PAL R 1	
PR	功能	设置码垛文件中计数器的数值	
	格式	PR#<参数项>=<参数项>，<参数项>，<参数项> L<参数项>	
	说明	参数项 1	码垛文件号
		参数项 2，3，4	根据 PAL S 中的码垛模式：如果按行码垛，则参数分别为行计数器数值、列计数器数值、层计数器数值；如果按列码垛，则参数项分别为列计数器数值、行计数器数值、层计数器数值
	举例	PR #01=2，3，4	
IF PR	功能	判断码垛文件中计数器的数值选择性跳转	
	格式	IF PR#<参数项>=<参数项>，<参数项>，<参数项> L<参数项>	
	说明	参数项 1，2，3，4	与 PR 中参数项含义相同
		参数项 5	满足条件时跳转标签
	举例	IF　PR#01=2，3，4，L10	

2.1.4　运动指令

通常运动指令记录了位置数据、运动类型和运动速度。如果在示教期间，不设定运动类型和运动速度，则默认使用上一次的设定值。位置数据记录的是机器人当前的位置信息，记录运动指令的同时记录位置信息。运动类型指定了在执行时示教点之间的运动轨迹。机器人一般支持 3 种运动类型：关节运动类型（MOVJ）、直线运动类型（MOVL）、圆弧运动类型（MOVC）。运动速度指机器人以何种速度执行在示教点之间的运动。

1. 关节运动类型

当机器人不需要以指定路径运动到当前示教点时，采用关节运动类型。关节运动类型对应的运动指令为 MOVJ。一般来说，为安全起见，程序起始点使用关节运动类型。关节运动类型的特点是速度最快、路径不可知，因此，一般此运动类型运用在空间点上，并且在自动运行程序之前，必须低速检查一遍，观察机器人的实际运动轨迹是否对周围设备有干涉。

2. 直线运动类型

当机器人需要通过直线路径运动到当前示教点时，采用直线运动类型。直线运动类型对应的运动指令为 MOVL。直线运动的起始点是前一运动指令的示教点，结束点是当前指令的示教点。对于直线运动，在运动过程中，机器人运动控制点走直线，夹具姿态自动改变，如图 2-19 所示。

3. 圆弧运动类型

当机器人需要以圆弧路径运动到当前示教点时，采用圆弧运动类型。圆弧运动类型对应的运动指令为 MOVC。

（1）单个圆弧运动如图 2-20 所示。三点确定唯一圆弧，因此，圆弧运动时，需要示教三个圆弧运动点，即 P1～P3。

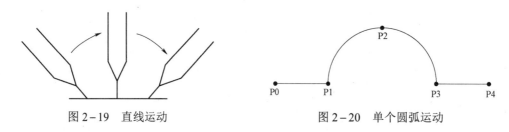

图 2-19　直线运动　　　　　　　　图 2-20　单个圆弧运动

指令如下：

```
NOP
MOVJ      VJ=10 —————————P0
MOVJ      VJ=10 —————————P1（与圆弧运动起始点位置相同的示教点）
MOVC      VC=100————————P1（由于示教点相同，该命令下机器人不运动）
MOVC      VC=100————————P2
MOVC      VC=100————————P3
MOVJ      VJ=10 —————————P3
MOVJ      VJ=10 —————————P4
END
```

注：为了有利于圆弧运动的规划，通常在圆弧运动前、后添加相同的示教点。如不添加相同的示教点 P1，则 P0 以直线运动形式运动到 P1。

（2）连续多个圆弧运动如图 2-21 所示。当有连续多条 MOVC 指令时，机器人的运行轨迹由 3 个连续的示教位置点进行规划获得。

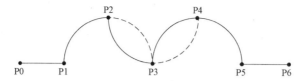

图 2-21 连续多个圆弧运动

指令如下：

```
NOP
MOVJ      VJ=10 ——————P0
MOVC      VC=100 —————P1
MOVC      VC=100 —————P2
MOVC      VC=100 —————P3
MOVC      VC=100 —————P4
MOVC      VC=100 —————P5
MOVL      VL=100 —————P6
END
```

因未添加相同的示教点 P1，故机器人从起始点 P0 以直线运动形式运动到 P1。机器人从 P1 点运行到 P2 点的轨迹由 P1、P2、P3 三点共同规划获得。由于有连续多条 MOVC 轨迹，机器人从 P2 点走到 P3 点的轨迹重新规划，由 P2、P3、P4 三点共同规划获得。机器人最终的运行轨迹如图 2-21 中实线所示，虚线为规划过，但未执行的轨迹。当需要连续且完整地进行多个圆弧运动时，两段圆弧运动必须由一个关节或直线运动点隔开，且第一段圆弧的终点和第二段圆弧的起点重合。有间隔点的连续多个圆弧运动如图 2-22 所示。

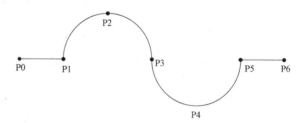

图 2-22 有间隔点的连续多个圆弧运动

指令如下：

```
NOP
MOVJ      VJ=10 ——————P0
MOVL      VL=100 —————P1
MOVC      VC=100 —————P1
MOVC      VC=100 —————P2
MOVC      VC=100 —————P3
MOVJ      VJ=10 ——————P3（由于示教点相同，该命令下机器人不运动）
MOVC      VC=100 —————P3（由于示教点相同，该命令下机器人不运动）
MOVC      VC=100 —————P4
```

```
MOVC    VC=100 ————————P5
MOVL    VL=100 ————————P6
END
```

4. 圆弧运动速度

P2 点的运行速度用于 P1 到 P2 的圆弧，P3 点的运行速度用于 P2 到 P3 的圆弧。

2.2 码垛编程实例

2.2.1 新建项目的过程

1. 新建作业

前台作业（示教作业）和后台作业（程序）的新建方法相同，只是菜单位置不同。作业名字可以使用大写字母和数字，名字长度不能超过 8 个字符。

新建前台作业的菜单位置及操作步骤见表 2-3。

表 2-3　新建前台作业的菜单位置及操作步骤

步骤	详细内容
1. 路径	主菜单→作业→示教程序→新作业
2. 进入文件列表界面，按翻页键并按字母键，在字母输入界面输入新的作业的文件名	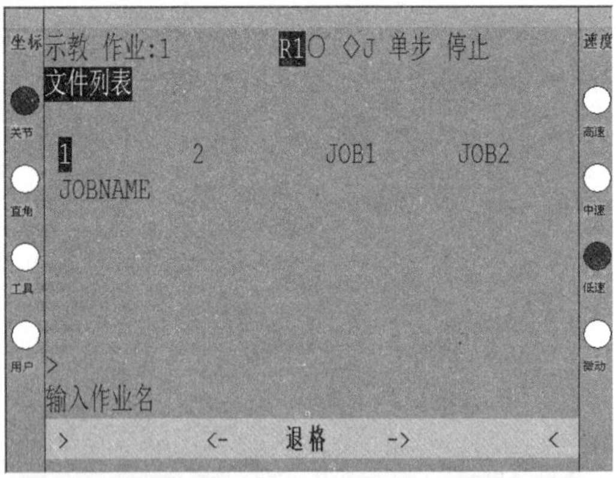 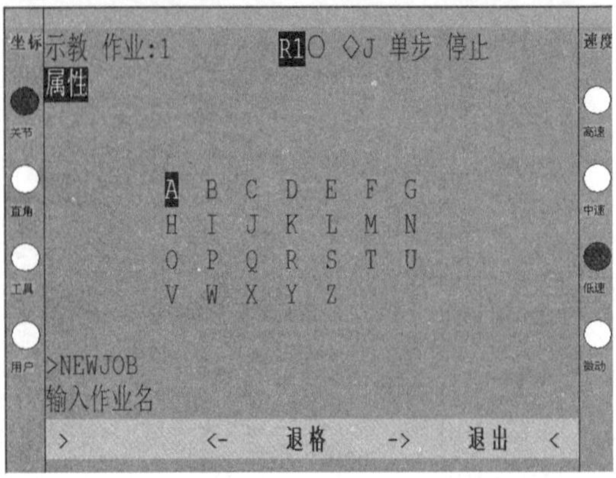

步骤	详细内容
3. 输入完成后，按"确认"键，返回到上一界面	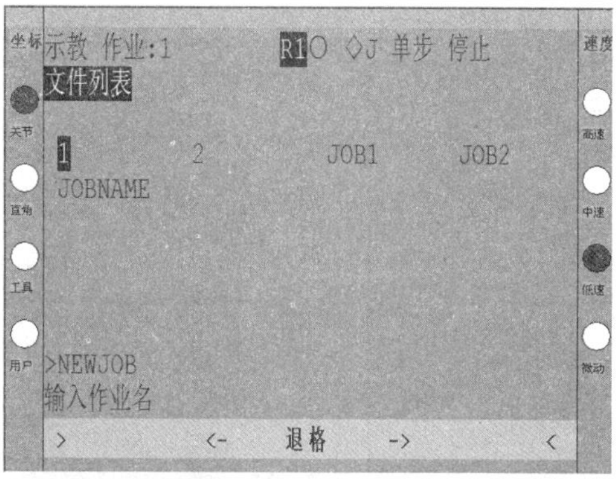
4. 再按"确认"键，创建新的作业，并进入该作业的编辑界面	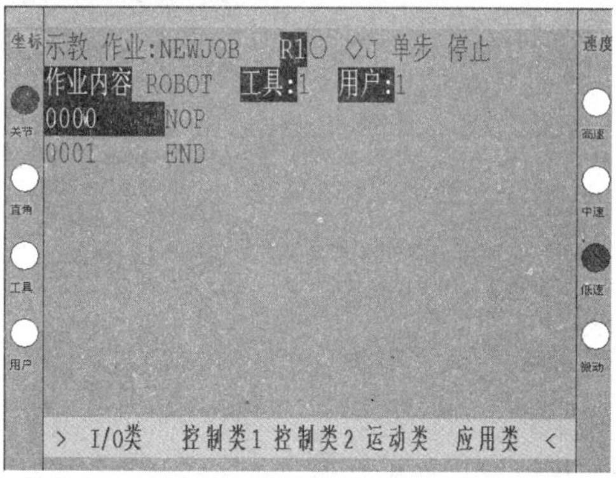

2. 选择作业

前台作业（示教作业）和后台作业（程序）的选择方法相同，只是菜单位置不同。

前台作业的选择作业的菜单位置及操作步骤见表 2-4。

表 2-4　前台作业的选择作业的菜单位置及操作步骤

步骤	详细内容
1. 路径	主菜单→作业→示教程序→选择作业
2. 进入文件列表界面，移动光标到所要选择的作业	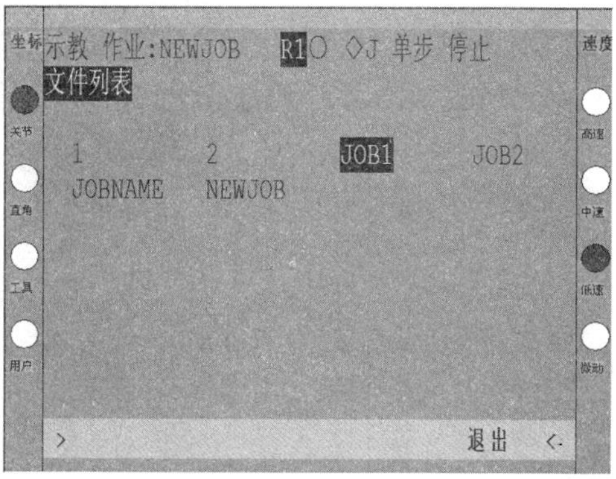

步骤	详细内容
3. 按"确认"键进入作业编辑界面	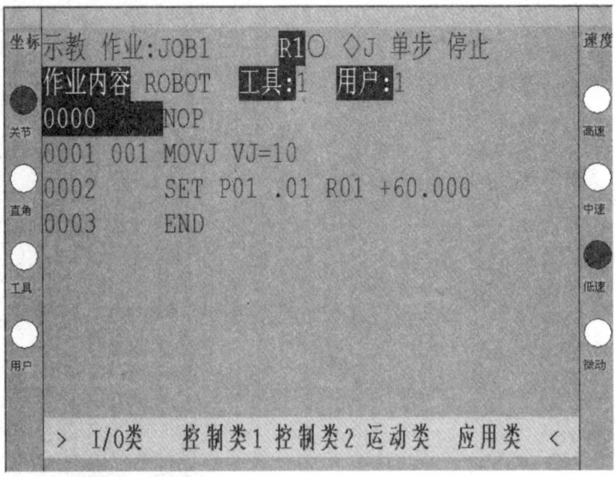

3. 作业保存

为了方便使用，系统设定为在示教的过程中作业是被实时保存的。

4. 作业管理

在调试过程中不可避免地会建立很多测试程序，但是，机器人控制器中的存储容量又有限，操作者需要经常对已有作业进行管理，作业管理包括：复制程序、删除程序、重命名程序。前台程序和后台程序的作业管理方式是一样的。

5. 重命名

重命名操作步骤见表 2-5。

表 2-5 重命名操作步骤

步骤	详细内容
1. 路径	主菜单→作业→作业名
2. 进入文件列表界面	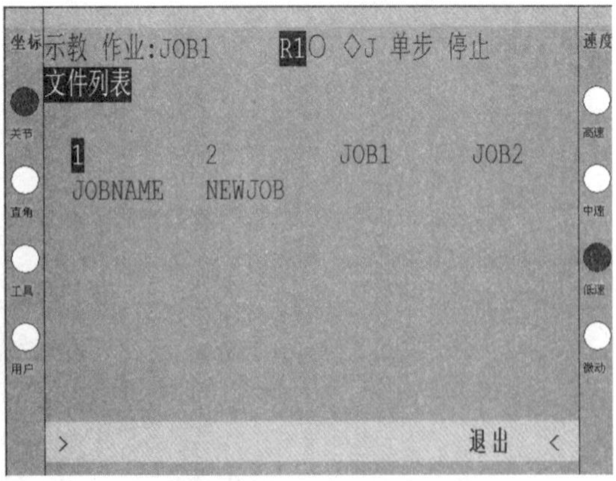

步骤	详细内容
3. 将光标移动到需要重命名的作业,同时按"SHIFT+主菜单"键,弹出作业管理菜单	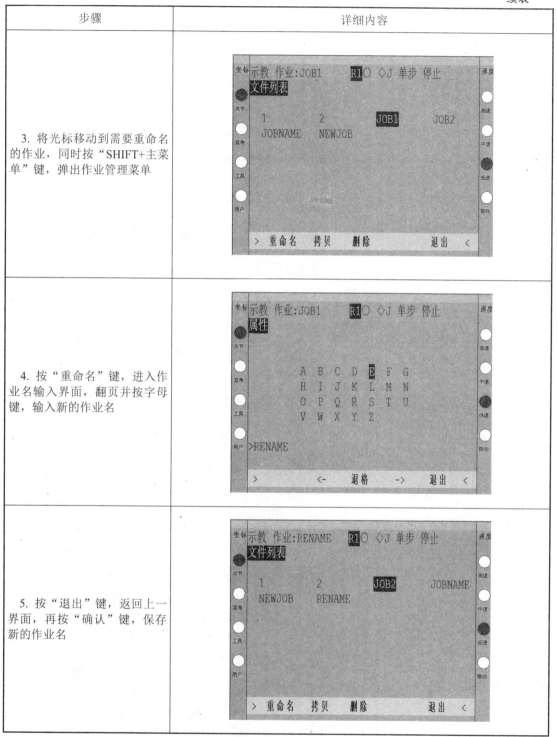
4. 按"重命名"键,进入作业名输入界面,翻页并按字母键,输入新的作业名	
5. 按"退出"键,返回上一界面,再按"确认"键,保存新的作业名	

6. 拷贝粘贴

拷贝粘贴的操作步骤见表 2-6。

表 2-6　拷贝粘贴的操作步骤

步骤	详细内容
1. 路径	主菜单→作业→作业名
2. 进入文件列表界面	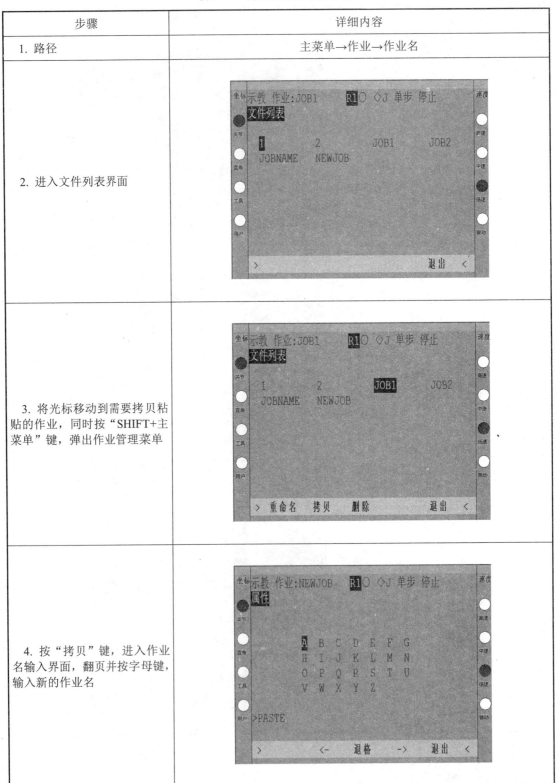
3. 将光标移动到需要拷贝粘贴的作业，同时按"SHIFT+主菜单"键，弹出作业管理菜单	
4. 按"拷贝"键，进入作业名输入界面，翻页并按字母键，输入新的作业名	

续表

步骤	详细内容
5. 按"退出"键,返回上一界面,再按"确认"键,作业被以新的作业名复制。被复制的作业与原作业中的内容是相同的	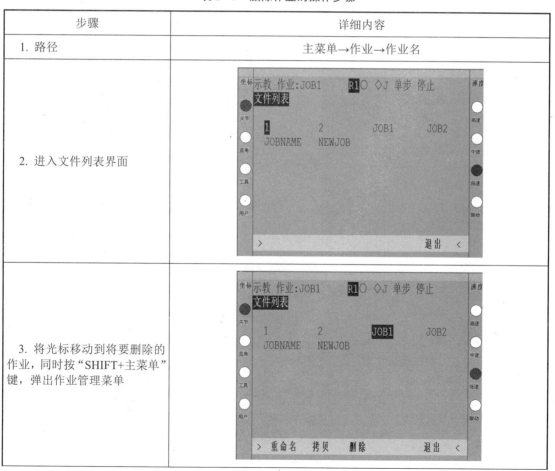

7. 删除作业

删除作业的操作步骤见表 2-7。

表 2-7 删除作业的操作步骤

步骤	详细内容
1. 路径	主菜单→作业→作业名
2. 进入文件列表界面	
3. 将光标移动到将要删除的作业,同时按"SHIFT+主菜单"键,弹出作业管理菜单	

步骤	详细内容
4. 按"删除"键，连续按两次"确认"键，将作业删除	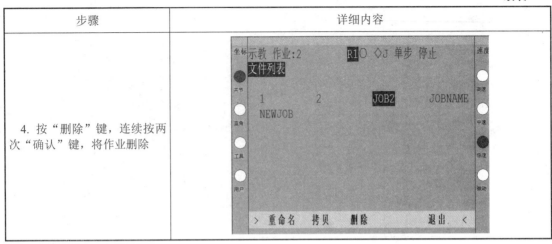

8. 记录位置点

记录位置点的操作步骤见表 2-8。

表 2-8　记录位置点的操作步骤

步骤	详细内容
1. 打开一个作业。按"serve on"键接通伺服电机动力电，再按住 3 挡使能开关，按轴操作键，运动机器人到想要记录的位置	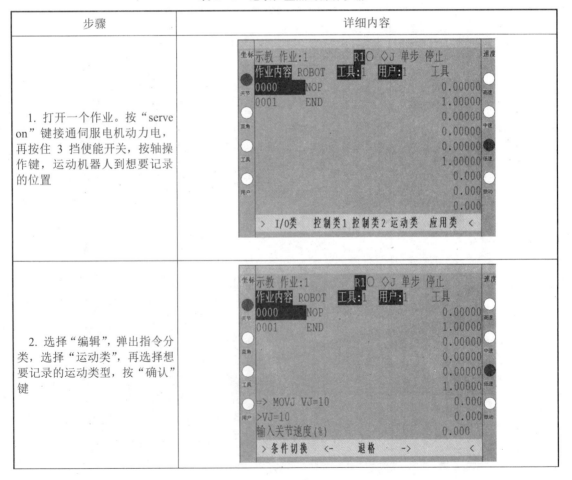
2. 选择"编辑"，弹出指令分类，选择"运动类"，再选择想要记录的运动类型，按"确认"键	

步骤	详细内容
3. 指令输入行显示所选的运动指令类型，光标停在运动速度参数上，通过数字键可以修改速度。修改完速度后，按"确认"键，完成指令的输入	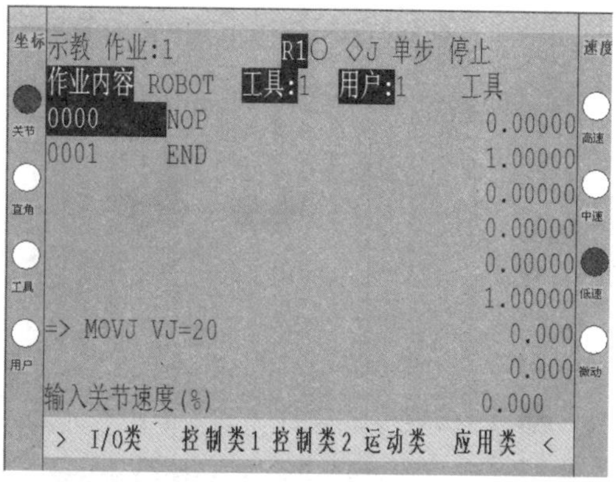
4. 按"确认"键，运动点被记录到光标所在下一行	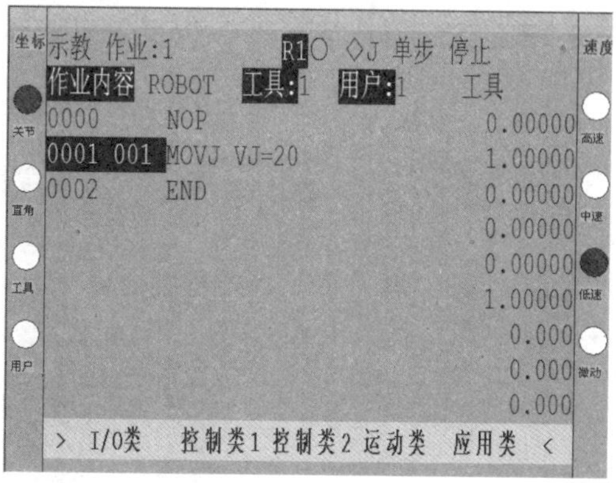

9. 插入位置点

插入位置点的操作步骤见表 2-9。

表 2-9　插入位置点的操作步骤

步骤	详细内容
1. 打开一个作业。按"serve on"键接通伺服电机得电，再按住 3 挡使能开关，按轴操作键，运动机器人到想要记录的位置	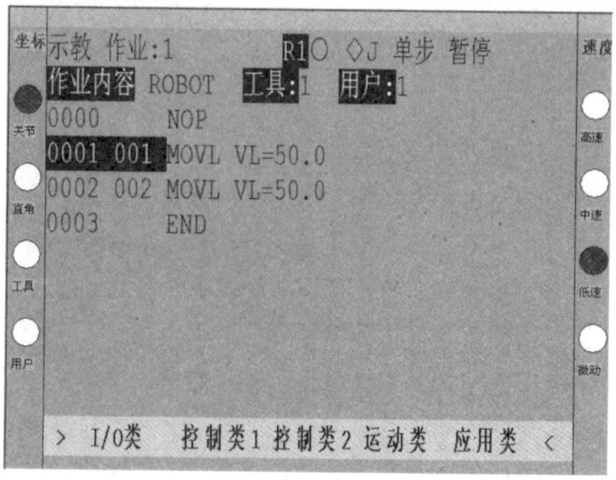

步骤	详细内容
2. 选择"运动类",再选择想要记录的运动类型,按"确认"键	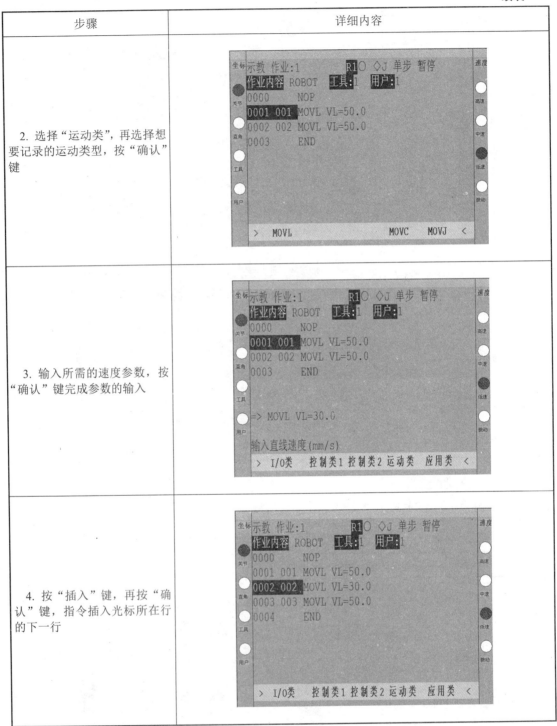
3. 输入所需的速度参数,按"确认"键完成参数的输入	
4. 按"插入"键,再按"确认"键,指令插入光标所在行的下一行	

10. 工作站长方形方块复杂码垛

相关代码见表 2-10～表 2-14。

表 2－10　主作业：**MAIN**

代码	说明
作业：MAIN 0000　　　　NOP 0001　001　MOVJ VJ=10 0002　　　　PAL R　#01 0003　　　　PAL C　01 0004　　　　PAL R　#02 0005　　　　PAL C　02 0006　　　　CLEAR　R01　R30 0007　　　　L01 0008　　　　SET　UF#01 0009　　　　CALL　1234 0010　　　　CALL　22 0011　　　　INC　R20 0012　　　　IF　R20　==　10.000　L10 0013　　　　GOTO　L01 0014　　　　L10 0015　　　　SET　R20 0016　　　　L02 0017　　　　SET　UF#02 0018　　　　CALL　2222 0019　　　　CALL　12341234 0020　　　　INC　R21 0021　　　　IF　R21　==　10.000　L11 0022　　　　GOTO　L02 0023　　　　L11 0024　　　　SET　R21　=0.000 0025　002　MOVJ VJ=10 0026　　　　END	1. 原点 2～5. 码垛复位指令 6. 实行变量 R1～R30 清零 7. 标签 L1 8. 设置用户坐标系 1 号 9. 调用子作业 1234 10. 调用子作业 22 11. 自加一 R20 12. 判断 R20=10 跳转 L10 13. 直接跳转 L1 14. 标签 15. 赋值 R20=0 16. 标签 L2 17. 设置用户坐标系 2 号 18. 调用子作业 2222 19. 调用子作业 12341234 20. R21 自加一 21. 判断 R21=10 跳转 L11

表 2－11　子作业：**1234**

代码	说明
作业：1234 0000　　　　NOP 0001　　　　OUT　OT#05　=ON 0002　　　　OUT　OT#01　=ON 0003　　　　OUT　OT#02　=OFF 0004　　　　PAL S　01　01 0005　　　　PAL J　VJ=10 0006　　　　PAL L　VL=50.0 0007　　　　OUT　OT#05　=ON 0008　　　　OUT　OT#01　=OFF 0009　　　　OUT　OT#02　=ON 0010　　　　WAIT　IN#01　=ON　T=－1.000 0011　　　　PAL L　VL=50.0 0012　　　　PAL E　OT#30 0013　　　　RET 0014　　　　END	1～3. 复位夹手打开的信号 4. 码垛从第一行第一列开始 5. 取料点上方 6. 取料点 7～9. 夹手闭合信号 10. 等待夹手到位的输入信号（由电磁阀发出） 11. 抬起 12. 输出完成信号 30 13. 返回主作业

表 2-12　子作业：22

代码	说明
作业: 22 0000　　　　NOP 0001　　　　PAL　M　01 0002　　　　PAL　GF　01　I30 0003　　　　PAL　GP　01　P20　P21　P22 0004　001　MOVL　P21　VL=100.0 0005　002　MOVL　P20　VL=100.0 0006　　　　OUT　OT#05　=ON 0007　　　　OUT　OT#02　=OFF 0008　　　　OUT　OT#01　=ON 0009　　　　DELAY　T=0.500 0010　　　　WAIT　IN#02　=ON　T=-1.000 0011　003　MOVL　P22　VL=100.0 0012　　　　PAL　CNT　01 0013　　　　RET 0014　　　　END	1. 应用码垛文件 1 号 2. 获取整形变量存入 I30 中 3. 获取位置点信息，并存入位置变量 P20、P21、P22 中 4. 向 P21 运动，取料点上方 5. 向 P20 运动，取料点 6～8.夹手打开 9. 延时 10. 等待夹手打开完成输入信号 11. 抬起 12. 计数加一 13. 返回主作业

表 2-13　子作业：2222

代码	说明
作业: 2222 0000　　　　NOP 0001　　　　OUT　OT#05　=ON 0002　　　　OUT　OT#02　=OFF 0003　　　　OUT　OT#01　=ON 0004　　　　PAL　M　02 0005　　　　PAL　GF　02　I31 0006　　　　PAL　GP　02　P30　P31　P32 0007　001　MOVL　P32　VL=100.0 0008　002　MOVL　P31　VL=100.0 0009　003　MOVL　P30　VL=100.0 0010　　　　OUT　OT#05　=ON 0011　　　　OUT　OT#01　=OFF 0012　　　　OUT　OT#02　=ON 0013　　　　WAIT　IN#01　=ON　T=-1.000 0014　004　MOVL　P32　VL=100.0 0015　　　　PAL　CNT　02 0016　　　　RET 0017　　　　END	1～3. 复位夹手打开信号 4. 应用码垛 2 号文件 5. 获取整型变量存入 I31 6. 获取码垛位置点存入位置变量 P30、P31、P32 中 7～8. 过渡点 9. 取料点 10～12.夹手闭合 13. 无限等待夹手闭合到位输入信号 14. 抬起 15. 计数加一 16. 返回主作业

表 2-14　子作业：**12341234**

代码	说明
作业：12341234 0000　　　　NOP 0001　　　　PAL　S　01　02 0002　　　　PAL　J　VJ=10 0003　　　　PAL　L　VL=100.0 0004　　　　OUT　OT#05　=ON 0005　　　　OUT　OT#02　=OFF 0006　　　　OUT　OT#01　=ON 0007　　　　DELAY　T=0.500 0008　　　　WAIT　IN#02　=ON　T=-1.000 0009　　　　PAL　L　VL=100.0 0010　　　　PAL　E　OT#31 0011　　　　RET	1. 从第一行第二列开始码垛 2. 取料点上方 3. 取料点 4～6. 夹手闭合信号 7. 延时 8. 等待夹手闭合到位输入信号 9. 抬起 10. 计数器加一 11. 返回主作业

2.2.2　真空吸盘

真空吸盘是真空设备执行器之一，吸盘采用丁腈橡胶制造，具有较大的扯断力，因而广泛应用于各种真空吸持设备，如在建筑、造纸工业及印刷、玻璃等行业，实现吸持与搬送玻璃、纸张等薄而轻的物品的任务。

真空吸盘又称真空吊具及真空吸嘴，一般来说，利用真空吸盘抓取制品是最廉价的一种方法。真空吸盘品种多样，橡胶制成的吸盘可在高温下操作，由硅橡胶制成的吸盘非常适合抓取表面粗糙的制品；由聚氨酯制成的吸盘则很耐用。另外，在实际生产中，如果要求吸盘具有耐油性，则可以考虑使用聚氨酯、丁腈橡胶或含乙烯基的聚合物等材料来制造吸盘。通常，为避免制品的表面被划伤，最好选择由丁腈橡胶或硅橡胶制成的带有波纹管的吸盘。

1. 真空吸盘的结构

波纹真空吸盘的结构如图 2-23 所示，它由吸盘和吸盘箍组成。

2. 真空吸盘的工作原理

波纹真空吸盘的工作原理：首先将真空吸盘通过接管与真空设备（如真空发生器等，图中没画出）接通，然后与待提升物如玻璃、纸张等接触，起动真空设备抽吸，使吸盘内产生负气压，从而将待提升物吸牢，即可开始搬送待提升物。当待提升物搬送到目的地时，平稳地充气进真空吸盘内，使真空吸盘内由负气压变成零气压或稍微正的气压，真空吸盘就脱离待提升物，从而完成提升搬送重物的任务。

3. 真空吸盘的特点

（1）易损耗。由于真空吸盘一般用橡胶制造，直接接触物体，磨损严重，所以损耗很快，属于气动易损件，如图 2-24 所示。

（2）易使用。不管被吸物体是什么材料做的，只要能密封，不漏气，均能使用。电磁吸盘则不行，它只能用在钢材上，其他材料的板材或者物体是不能吸的。

（3）无污染。真空吸盘特别环保，不会污染环境，没有光、热、电磁等产生。

（4）不伤工件。真空吸盘由于是橡胶材料所造，吸取或者放下工件不会对工件造成任何损伤，而挂钩式吊具和钢缆式吊具就不行。一些行业对工件表面的要求特别严格，只能用真空吸盘。

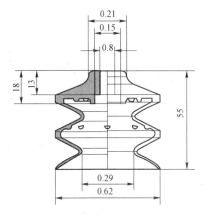

图 2-23　波纹真空吸盘（单位：mm）

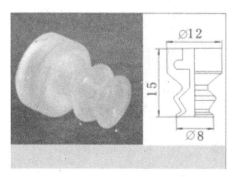

图 2-24　真空吸盘

2.3　编程补充知识点

2.3.1　机器人坐标系

在示教模式下，手动控制机器人时轴的运动与当前选择的坐标系有关。例如，新松机器人支持 4 种坐标系：关节坐标系、直角坐标系、工具坐标系、用户坐标系。

2.3.2　用户坐标系

1. 用户坐标系的定义

用户坐标系示意如图 2-25 所示。

图 2-25　用户坐标系示意

用户坐标系定义在工件上，由用户自己定义，原点位于机器人抓取的工件上，坐标系的方向由轴操作键控制时中心点的动作情况见表 2-15。

表 2-15　中心点的动作情况

轴操作键	中心点的动作情况
X+ / J1　X- / J1	与用户坐标系 X 方向平行的正向运动、负向运动
Y+ / J2　Y- / J2	与用户坐标系 Y 方向平行的正向运动、负向运动
Z+ / J3　Z- / J3	与用户坐标系 Z 方向平行的正向运动、负向运动
Rx+ / J4　Rx- / J4	绕着用户坐标系 X 方向的正向转动、负向转动
Ry+ / J5　Ry- / J5	绕着用户坐标系 Y 方向的正向转动、负向转动
Rz+ / J6　Rz- / J6	绕着用户坐标系 Z 方向的正向转动、负向转动

2. 用户坐标系的标定

用户坐标系的标定方法如下:

用户坐标系一般通过示教 3 个示教点实现:第一个示教点是用户坐标系的原点;第二个示教点在 X 轴上,第一个示教点到第二个示教点的连线是 X 轴,所指方向为 X 正方向;第三个示教点在 Y 轴的正方向区域内;Z 轴由右手法则确定。用户坐标系标定示意如图 2-26 所示。

标定用户坐标系的操作步骤如表 2-16 所示。

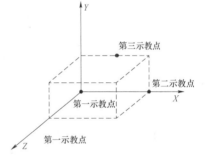

图 2-26　用户坐标系标定示意

表 2-16　标定用户坐标系的操作步骤

步骤	详细内容
1. 路径	主菜单→用户→坐标→用户坐标→标定
2. 进入用户坐标系标定界面。共可以标定 8 个用户坐标系。按轴运动键移动机器人到参考点,按"确认"键记录机器人的当前位置,同时将相应的坐标项状态切换到"ON"	（界面图） 坐标 示教 作业:123　R1○ ◇　单步 暂停　速度 ● 用户坐标　　　　　用户号: 1　关节值 　　　　　　　　　　　　　　　0.000 　　　　　　　　　　　　　　　0.000 　　OO　OFF　　　　　　　　0.000 　　OX　OFF　　　　　　　　0.000 　　OY　OFF　　　　　　　　0.000 　　　　　　　　　　　　　　　0.000 　　　　　　　　　　　　　　　0.000 建立用户坐标系　　　　　　0.000 ＞ 下一个 上一个　　　　退出 ＜
3. 分别标定 3 个坐标项后,按"退出"键,此用户坐标系被保存	

3. 用户坐标系的设定

用户坐标系的设定其实是对用户坐标系标定的备份。在标定好用户坐标系后，进入对应的用户坐标系设定界面将各参数备份，以便在用户坐标系参数丢失时快速恢复。其操作步骤见表2-17。

表2-17　设定用户坐标系的操作步骤

步骤	详细内容
1. 路径	主菜单→用户→坐标→用户坐标→设定
2. 进入用户坐标系设定界面，共可以设定8个用户坐标系	
3. 输入正确的参数后，按"退出"键，用户坐标系被保存	

4. 作业中的用户坐标系号选择

在作业中可以选择用户坐标系号，选择方法为通过指令选择。"SET UF#<坐标系号>"为用户坐标系选择指令。

"SET UF#<坐标系号>"指令可以出现在作业的顶端，也可以出现在作业的中间和末端。该指令执行后，系统的当前用户坐标系号则被改发，用户坐标系号的改发不仅对自动执行的作业有影响，示教模式下的轴操作也将使用新设定的用户坐标系号。

第3章

搬运机器人的编程操作

本章目标

（1）掌握搬运机器人的工作流程；

（2）掌握搬运机器人的编程；

（3）掌握工业流水线的系统构成；

（4）掌握机器人项目实现的一般方法和技巧以及程序的优化方法；

（5）能够通过小组合作搭建具有一定功能的机器人结构，会对机器人结构进行创新、优化设计；

（6）增强对结构、系统等技术思想的理解，激发对机器人的兴趣，加深对技术的理性思考。

3.1 工业流水线

随着科技与工业的不断发展，"工业4.0"越来越受到人们的重视。对"工业4.0"概念有一个比较统一的阐述，就是机械化、电气化和信息技术之后，以智能制造为主导的第四次工业革命。第四次工业革命主要是指基于信息物理融合技术（CPS）将制造业向智能化转型，实现集中式控制向分散式增强控制模式转变，最终建立一个高度灵活的个性化和数字化的产品和服务。契合"工业4.0"思想，本章所讲生产线由机器人模拟传送、分拣入库等工作，让教学更贴近现实，提升学生的视野和综合技能水平。生产流水线能够在一定的线路上连续输送货物、搬运机械，又称输送线或者输送机。

工业流水线系统

工业流水线系统分布如图3-1所示。

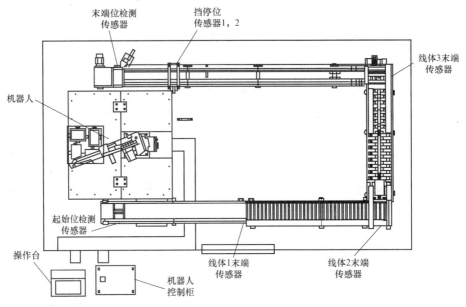

图 3－1　工业流水线系统分布

电气系统主要包括：机器人控制器、电气控制柜、CoDeSys 软 PLC、电脑工控机、变频器、夹持工件检测器、HMI、ANYBUS 转换模块和按钮指示灯等。

新松搬运机器人系统主要包括：机器人本体、机器人控制柜、编程示教盒三部分。

1. 机器人本体

本章所讲流水线系统采用新松 13 KG 工业码垛机器人，主要负责工件拆垛、去传输线起始位放料、去传输线末端抓取工件、工件码垛等功能。

2. 机器人控制柜

机器人控制柜的电源容量为 1.5 kVA，IP 等级为 IP54。电气控制柜为自主研发的控制系统，采用密封结构，并且内、外腔分开，保证重要元器件不与外界接触，以提高整体设备的使用寿命；可以扩展加入丰富的应用软件包（弧焊、点焊、打磨、喷涂、上/下料、搬运码垛等）；有开放的机器人控制系统接口库，能支持二次开发功能；急停输入采用独立双回路控制，并且安全等级能够达到 3 级、PL d 级；具有快速停止和急停的安全防碰撞功能；本地控制与远程控制有独立的选择开关；可支持 EtherCAT、CAN（CANOPEA/DEVICNET）、PROFINET、TCP/IP、RS－232、RS485 等通信方式，以实现机器人与不同控制系统的兼容性；系统可配至少 32I/32O、至少 8 路模拟量输入和 8 路模拟量输出；可扩展 PLC，实现系统无缝集成，支持 PROFIBUS、PRPFINET、CC－LINK 等现场总线；可以扩展，最多支持 6 个外部轴；具有缺项保护功能，能自动报警；支持连续轨迹、实时补偿、中断允许等功能。

3. CoDeSys 软 PLC

CoDeSys 由德国 Smart software solution GmbH 公司所开发，是可编程逻辑控制 PLC 的完整开发环境（CoDeSys 是 Controlled Developement System 的缩写），在 PLC 程序员编程时，CoDeSys 为强大的 IEC 语言提供了一个简单的方法，系统的编辑器和调试器的功能建立在高级编程语言的基础上（如 Visual C++）。

软 PLC 综合了计算机和 PLC 的开关量控制、模拟量控制、数学运算、数值处理、网络通信、PID 调节等功能，通过一个多任务控制内核，提供强大的指令集、快速而准确的扫描周期、可靠的操作和可连接各种 I/O 系统及网络的开放式结构。所以，软 PLC 提供了与硬 PLC 同样的功能，同时又提供了 PC 环境。软 PLC 与硬 PLC 相比，还具有如下优点：

（1）具有开放的体系结构。

软 PLC 具有多种 I/O 端口和各种现场总线接口，可在不同的硬件环境下使用，突破传统 PLC 对硬件的高度依赖，解决了传统 PLC 互不兼容的问题。

（2）开发方便，可维护性强。

软 PLC 是用软件形式实现硬 PLC 的功能，软 PLC 可以开发更为丰富的指令集，以方便实际工业的应用；软 PLC 遵循国际工业标准，支持多种编程语言，开发更加规范方便，维护更简单。

（3）能充分利用 PC 机的资源。

现代 PC 机的强大的运算能力和飞速的处理速度，使软 PLC 能对外界响应迅速作出反应，在短时间内处理大量的数据。利用 PC 机的软件平台，软 PLC 能处理一些比较复杂的数据和数据结构，如浮点数和字符串等。PC 机的大容量内存，使开发几千个 I/O 端口变得简单方便。

（4）降低了对使用者的要求，方便用户使用。

由于各厂商推出的传统 PLC 的编程方法差别很大，并且控制功能的完成需要依赖具体的硬件，工程人员必须经过专业的培训，掌握各个产品的内部接线和指令的使用。软 PLC 不依赖具体硬件，编程界面简洁友好，降低了使用者的入门门槛，节约了培训费用。

（5）打破了几大家垄断的局面。

要实现软 PLC 的控制功能，必须具有三个主要部分，即开发系统、对象控制器系统及 I/O 模块。开发系统主要负责编写程序，对软件进行开发。对象控制器系统及 I/O 模块是软 PLC 的核心，主要负责对采集的 I/O 信号进行处理、逻辑控制及信号输出。

1）开发系统

软 PLC 开发系统实际上就是带有调试和编译功能的 PLC 编程软件，此部分具备如下功能：编程语言标准化，遵循 IEC61131－3 标准，支持多语言编程（共有 5 种编程方式：IL、ST、LD、FBD 和 SFC），编程语言之间可以相互转换；具有丰富的控制模块，支持多种 PID 算法（如常规 PID 控制算法、自适应 PID 控制算法、模糊 PID 控制算法、智能 PID 控制算法等），还包括目前流行的一些控制算法，如神经网络控制算法；具有开放的控制算法接口，支持用户嵌入自己的控制算法模块；能够仿真运行，实时在线监控，在线修改程序和编译；具有网络功能，支持基于 TCP/IP 网络实现 PLC 远程监控、远程程序修改等。

2）对象控制器系统及 I/O 模块

这两部分是软 PLC 的核心，完成输入处理、程序执行、输出处理等工作。其通常由 I/O 接口、通信接口、系统管理器、错误管理器、调试内核和编译器组成：I/O 接口，可与任何 I/O 信号连接，包括本地 I/O 和远程 I/O，远程 I/O 主要通过 InterBus、PROFIBUS、CAN 等实现；通信接口使运行系统可以和开发系统或 HMI 按照各种协议进行通信，如下载 PLC 程序或进行数据交换；系统管理器处理不同任务和协调程序的执行；错误管理器检测和处理程序执行期间发生的各种错误；调试内核提供多个调试函数，如强制变量、设置断点等；通常开发系统将编写的 PLC 源程序编译为中间代码，然后运行系统的编译器将中间代码翻译为与硬件平台相关的机器码存入控制器。

3）综合控制方案

软 PLC 控制器的硬件平台主要可以分为如下三部分：

（1）基于嵌入式控制器的控制系统。嵌入式控制器是一种超小型计算机系统，一般没有显示器，软件平台是嵌入式操作系统（如 Win CE、VxWorks 和 QNX 等）。软 PLC 的实时控制核被安装到嵌入式控制系统中，以保证软 PLC 的实时性，开发完的系统通过串口或以太网将转换后的二进制码写入对象控制器中。

（2）基于工控机（IPC）或嵌入式控制器（EPC）的控制系统。该方案的软件平台可以采用 Windows 操作系统（Windows XP Embedded、Windows 7 等），通用 I/O 总线卡负责将远程采集的 I/O 信号传至控制器进行处理，软 PLC 可以充当开发系统的角色及对象控制器的角色。目前市场上越来越多的用户更倾向于直接使用面板型工控机进行控制的方案，这样的方案直接集成了 HMI、开发系统及对象控制器的功能，大大降低了成本。

（3）基于传统硬 PLC 的控制系统。此方案中，PLC 开发系统一般在普通 PC 机上运行，而传统硬 PLC 只是作为一个硬件平台，将软 PLC 的实时核安装在传统硬 PLC 中，将开发系统编写的系统程序下载到硬 PLC 中。

4. 变频器

变频器为三菱 E740 系列变频器，本系统一共有 5 个变频器，分别驱动一、二、三、四段线体以及一个移栽机。

该型号变频器的特点如下：

（1）可实现高驱动性能的经济型产品。

① 在 0.5 Hz 以下，使用先进磁通矢量控制模式可以使转矩提高 200%；

② 提高短时超载能力（200%，持续 3 s）；

③ 经过改进的限转矩与限电流功能可以为机械提供必要的保证。

（2）具有突出的操作性能。

① 通过改进的操作旋钮，操作更便捷；

② 简单设定模式，可以利用"MODE"键和"PU/EXT"键的操作实现 Pr.79 运行模式，进行快捷选择设定；

③ 提供 USB 接口与计算机连接，可以使用组态程序对变频器参数进行设定和监控。

（3）具有丰富的扩展性。

① 可根据需要安装多种选件单元；

② 可根据使用要求选择控制端子排；

③ 支持各种主流网络；

④ 可连接容量为 0.4～15 kΩ 的外置电阻。

5. 协议转换模块

协议转换模块为德国 ANYBUS 模块，用作 PLC 与机器人之间通信的桥梁，将 PLC 的 EtherCAT 协议与机器人的 DEVICENET 协议进行转换，使机器人与 PLC 之间正常通信。其模块特点是能够简便有效地实现两种工业通信协议的转换。无论是简单的串行通信、传统的现场总线，还是实时以太网协议，协议转换模块都提供了一个共同的平台，用以进行任何两种工业自动化通信协议的透明转换。对于那些已经使用现场总线进行通信系统升级，或准备采用实时以太网进行系统现代化改造的工厂，协议转换模块都能帮助构建起新、旧通信技术间的桥梁，使用户不需更换既有的已经被验证的现场设备。

图 3-2 展示了整个主控柜与外部设备的接线情况，提供设备或装置不同结构单元之间连接所需的信息，并且标注了每一条线的线径和规格。

图 3-2　主控柜与外部设备的接线情况

3.2　PLC 程序说明

3.2.1　软件介绍

CoDeSys 包括 PLC 编程、可视化 HMI、安全 PLC、控制器实时核、现场总线及运动控制，是一个完整的自动化软件。

CoDeSys 功能强大，易于开发，可靠性高，开放性好，并且集成了 PLC、可视化、运动控制及安全 PLC 的组件。它从架构上基本上可以分为三层：应用开发层、通信层和设备层。

CoDeSys 编程软件是标准的 Windows 界面，支持编程、调试及配置，可与 PLC 控制器进行多种方式的通信，如串口、USB 及以太网等。

3.2.2　程序说明

3.2.2.1　设备编辑器

设备编辑器是用于配置设备的对话框。选中设备（Device），用鼠标右键选择"编辑对象"命令，或者通过在设备窗口中双击设备对象条目打开设备编辑器。主对话框是根据设备类型，以设备名称来命名的，它提供了包含以下子对话框的选项卡，见表 3-1 和图 3-3。

表 3-1　设备编辑器选项卡

名称	说明
通信设置	目标设备和其他可编程设备（PLC）之间连接的网关配置
配置	分别显示设备参数的配置
应用	显示目前正在 PLC 上运行的应用，并且允许从 PLC 中删除应用
文件	主机和 PLC 之间的文件传输的配置
日志	显示 PLC 的日志文件
PLC 设置	与 I/O 操作相关的应用、停止状态下的 I/O 状态、总线周期选项的配置
I/O 映射	I/O 设备输入和输出通道的映射
用户和组	运行中设备访问相关的用户管理（不要与工程用户管理混同）
访问权限	特殊用户组对运行中的对象和文件访问权限的配置
状态	设备的详细状态和诊断信息
信息	设备的基本信息（名称、供应商、版本、序列号等）

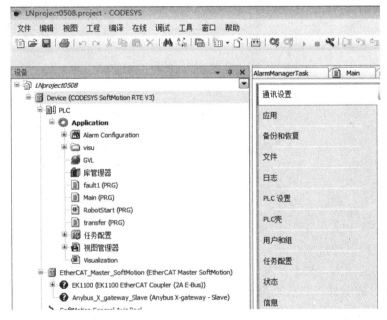

图 3-3　设备编辑器选项卡

3.2.2.2　可视化界面

1. 界面介绍

可视化对象可以在对象管理器中的"可视化界面"中进行管理，它包含可视化元件的管理，并且对不同的对象可以根据个人需要进行管理。一个 CoDeSys 工程文件中可以包含一个或多个可视化对象，并且相互之间可以通信连接。

在"VISU"文件夹内是主要的操作界面，如图 3-4 所示。

HistoryAlarm 为历史报警界面，存储所有历史报警信息。

InfoAlarm 为当前报警信息，显示当前的实时报警，当报警消失后，人员复位报警并确认后报警消失。

Robot 为机器人控制界面，对机器人进行远程操作。

Service 为系统服务界面，可以增加修改登录用户以及更改用户密码。

transfer 为控制传输线界面，可以手动旋转线体以及线体上气缸动作。

Menu 为主菜单，对各个界面进行切换。

"Toprow"文件夹下为图片 logo 等附属操作。

2. 报警管理

用户可以自定义可视化报警，但必须在

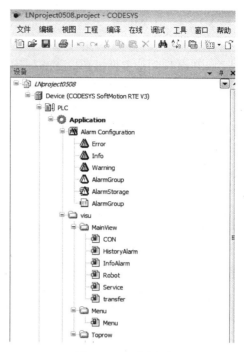

图 3-4　操作界面

CoDesys 报警配置中预先进行定义。所有的报警内容及触发机制均在该报警配置中进行设置，在 Alarm Configuration 中，用鼠标右键选择"添加对象"命令，选择"报警类别"及"报警组"等信息。选中"Alarm Configuration"，用鼠标右键选择添加"报警组"，可以对报警信息进行设置，可以在"观测类型"中选择报警触发的类型，在"详细说明"中添加报警触发变量，在"类"中添加报警类别，在"消息"中添加报警的说明信息。报警界面如图 3-5 所示。

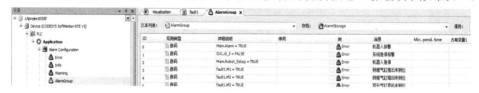

图 3-5　报警界面

3. 用户管理

在用户管理器中，可以设置管理员权限和密码，如图 3-6 所示。

图 3-6　用户管理界面

3.2.2.3 任务配置

一个程序可以用不同的编程语言来编写。典型的程序由许多互联的功能块组成，各功能块之间可互相交换数据。在一个程序中不同部分的执行通过任务来控制。任务被配置以后，可以使一系列程序或功能块周期性地执行或由一个特定的事件触发开始执行程序。

在设备树中有"任务管理器"选项卡，使用它除了声明特定的 PLC_PRG 程序外，还可以控制工程内其他子程序的执行处理。任务用于规定程序组织单元在运行时的属性，它是一个执行控制元素，具有调用的能力。在一个任务配置中可以建立多个任务，而在一个任务中，可以调用多个程序组织单元，任务一旦被设置，它就可以控制程序周期执行或者通过特定的事件触发开始执行。在任务配置中，用名称、优先级和任务的启动类型来定义它。这启动类型可以通过时间（周期的、随机的）或通过内部/外部的触发任务时间来定义，例如使用一个布尔型全局变量的上升沿或系统中的某一特定事件。对于每个任务，可以设定一串由任务启动的程序。如果在当前周期内执行此任务，那么这些程序会在一个周期的长度内被处理。优先权和条件的结合将决定任务执行的时序。Maintask 配置界面如图 3-7 所示。

图 3-7　Maintask 配置界面

3.2.2.4 EtherCAT 总线配置

EtherCAT 技术几乎没有限制，线型、树型、星型或菊花链型拓扑结构都可以实现。自动连接检测使设备部件的热插拔成为可能。设备的连接或断开由总线管理器管理，也可以由从站设备自动实现。若用一条线缆连接 EtherCAT 主站上另一个（标准的）以太网端口，就简单而经济地实现了网络冗余。综上所述，EtherCAT 拥有多种机制，支持主站到从站、从站到从站以及主站到主站之间的通信。

1. 主站配置

首先在设备下添加 EtherCAT 主站，单击设备，用鼠标右键选择"添加设备"命令，在弹出添加设备窗口后，选择"EtherCAT"→"主站"→"EtherCAT Master"选项，单击"添加设备"按钮。主站添加后，可以通过选中主站对其进行配置。EtherCAT"主站"选项卡用于配置主站、分布式时钟、冗余及从站相应设置。主站配置如图 3 – 8 所示。

图 3 – 8　主站配置

2. 从站配置

为了在设备目录中插入和配置 EtherCAT 设备主站和从站，必须使用硬件提供的设备描述文件，通过"设备库"对话框安装（标准的 CoDeSys 设置自动地完成）。主站的设备描述文件（"*.devdesc.xml"）定义了可以插入的从站。从站的描述文件为"xml"格式（文件类型：EtherCAT XML 设备描述配置文件）。

在"工具"菜单栏中选择"设备库"→"安装"命令，选择"EtherCAT XML 设备描述配置文件（*.xml）"选项，找到该文件的路径，选择"打开"命令进行安装。

添加从站设备：选择"插入设备"命令，系统会自动弹出从站设备添加框，用户可以根据实际连接的从站进行添加，此外，用户也可以通过选中主站选项卡，单击鼠标右键，选择"扫描设备"命令，进行实际从站自动扫描搜索。从站配置如图 3 – 9 所示。

图 3 – 9　从站配置

3.2.2.5　程序

1. 主程序（Main）

对于在任务配置中调用的作业，系统进行实时扫描。在主程序中可以编辑一些启动逻辑、按钮逻辑等，并且调用其他子程序。主程序界面如图 3-10 所示。

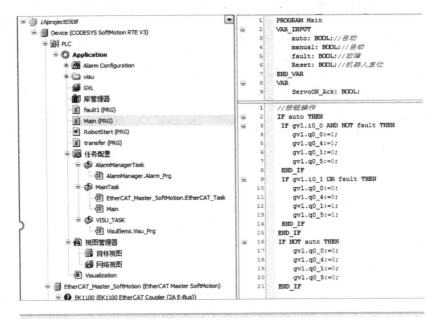

图 3-10　主程序界面

2. 机器人外部启动程序（RobotStart）

该程序处理与机器人的信号交互、外部启动、暂停机器人、复位报警、机器人的启动时序逻辑，并且接受从机器人反馈回来的系统状态，并进行处理。机器人外部启动程序如图 3-11 所示。

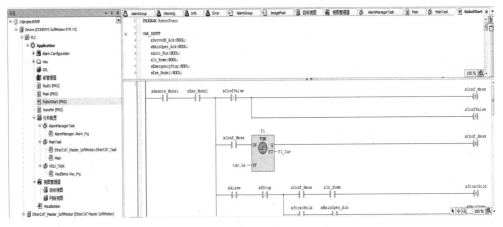

图 3-11　机器人外部启动程序

3. 传输线体控制程序（transfer）

该程序控制传输线体的逻辑处理。当机器人将物件放到线体起始端之后，传感器检测到物体，第一段皮带线开始运行，将物件传送到第二段线体上，第二段线体随之开始运动；当物体运动到第二段线体末端，传感器检测到位后，侧推气缸将物体推到第三段线体上，第三段线体随之运动；当物体运动到第三段线体末端时，传感器检测到物体后，移栽机气缸顶起，移栽机开始旋转，将物体传送到第四段线体上，第四段线体开始运动；物体到达第四段线体末端后，定位气缸加紧，将物体定位，等待机器人抓取物体；在第四段线体中间有一个加紧气缸，阻挡后面的物体继续前进，防止连箱。传输线体控制程序界面如图 3－12 所示。

图 3－12　传输线体控制程序界面

4. 报警处理程序（fault）

该程序对系统报警与故障进行处理，其界面如图 3－13 所示。

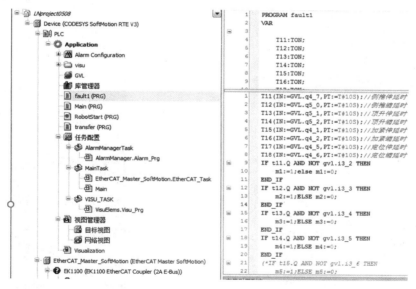

图 3－13　报警处理程序界面

3.2.3　人机界面操作

3.2.3.1　系统上电操作

首次上电前，检查供电电压是否达到 380 V（5%范围允许），相序是否正确。如果供电正常，可接通控制柜侧面的红色负荷开关，然后开启机器人电源。在启动 PLC 前先检查系统内部各处线体与机器人线路连接是否正常。

3.2.3.2　主控按钮说明

本系统分为自动模式与手动模式。操作台的启动按钮和停止按钮在自动模式下才起作用，用来启动和停止打磨/抛光单元的自动抓料、打磨、抛光等自动流程。当按钮被按下时，系统执行该动作，相应按钮指示灯亮起。黄色指示灯为完成指示灯，当料盘里面的物料打磨完成时，指示灯提示工人更换料盘。按下急停按钮时，砂带机和抛光机立即停止，报警界面报警，向右旋转急停按钮可解除急停状态。

3.2.3.3　主控塔灯指示说明

（1）系统处于自动运行状态下，且无报警，绿色塔灯亮起；

（2）系统处于手动模式下，且无报警，黄色塔灯亮起；

（3）系统处于故障或者报警状态下，红色塔灯亮起。

3.2.3.4　触摸屏操作说明

（1）管理员登录界面如图 3-14 所示。单击"Login"按钮登录，用户为 Admin，密码为 123456，在管理员权限下，才能对线体进行手动操作。

（2）语言时间界面如图 3-15 所示。单击人物头像对人机交互界面进行语言切换。

（3）界面菜单栏如图 3-16 所示，可以切换各个操作界面，从上到下依次为机器人界面、报警界面、历史报警界面、传输线界面、服务界面以及手自动切换。

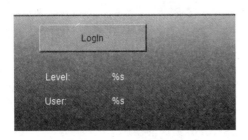

图 3-14　管理员登录界面

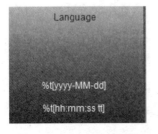

图 3-15　语言时间界面

图 3-16　界面菜单栏

（4）机器人界面如图 3-17 所示，可以远程控制机器人，如对机器人进行远程启动、暂停、再启动、报警复位等操作，并且可以实时监控机器人的系统 I/O 状态。

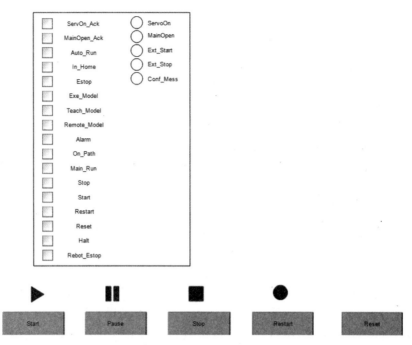

图 3-17　机器人界面

（5）报警界面如图 3-18 所示，它实时显示当前报警，报警消除后，需要对报警进行确认。

Current Alarm		
	Timestamp ▼	Message	Timestamp inactive
0			
1			
2			
3			
4			
5			
6			
7			
8			
9			
10			
11			
12			

图 3-18　报警界面

（6）历史报警界面如图 3-19 所示，它显示所有历史报警信息。

	Timestamp	Message ▲	Timestamp inactive
0			
1			
2			
3			
4			
5			
6			
7			
8			
9			
10			
11			
12			

History Alarm

图 3-19　历史报警界面

（7）传输线界面如图 3-20 所示。通过该界面可手动对传输线体进行操作。操作权限为管理员。V1～V5 分别对应传送线上的 5 个电机，可以手动选择电机低速与高速旋转，并且可以对线体进行正转/反转；可监视电机是否报警及其运行状态；可以手动伸缩线体各处的气缸，用于故障处理，并且检测气缸是否到位。各处传感器的状态也可通过界面读取。

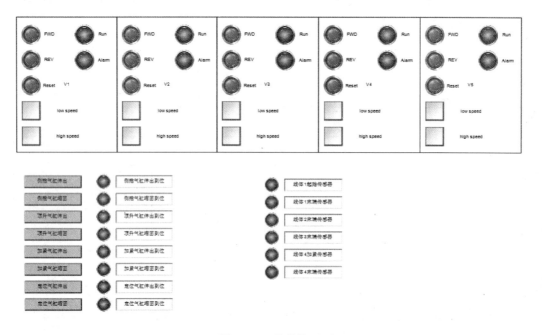

图 3-20　传输线界面

（8）服务界面如图 3-21 所示，包括权限登录、退出登录、更改密码以及用户配置操作。

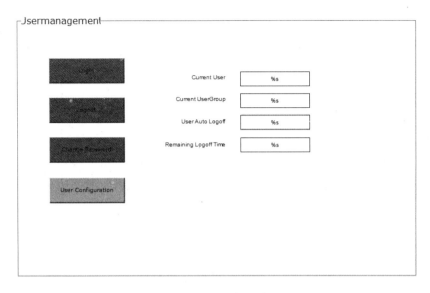

图 3 – 21　服务界面

3.2.4　PLC 与机器人接口

3.2.4.1　通信协议

采用 DEVICENET 总线通信方式，协议总长度为 32 字节。

I/O 占 10 字节，用户自己定义使用。

补偿数据总长度为 16 字节，数据内容为当前半径数值，占用 2 个字节，抛光补偿参数配置支持 8 个文件号，总长度为 16 个字节。

注：半径数据包含 1 位小数位。

例子：DIN8 为文件号 1 的半径数据，数值为 1144，二进制表示为 0000 0100 0111 1000。

3.2.4.2　通信配置

DEVICENET 总线配置如图 3 – 22 所示。

主要配置 DEVICENET 机器人主站与外部从站的通信参数，如波特率、通信数据长度等。

注：UCMM、Group2 为国际标准连接，Group3 为非标准连接，通信数据头额外多出 1 字节数据，用于验证连接。对连接方式的选择具体参考模块说明。

```
DEVICENET从站配置          文件号：1


使能状态        ON        MAC_ID         1
波特率          125       触发方式        轮询
连接方式        Group2    连接状态        ON
输入长度        32        输出长度        32
>
下一个      上一个                <-退格->      退
```

图 3 – 22　DEVICENET 总线配置

3.2.4.3 总线 I/O 配置

总线I/O配置如图3－23所示，主要将DEVICENET通信数据映射到机器人本地用户I/O。

总线I/O配置：DEVICENET				
序号	总线ID	总线I/O	本地I/O	长度
01	1	0	2	16
02	0	0	0	0
03	0	0	0	0
04	0	0	0	0
>		<-退格->		退出

图 3－23 总线 I/O 配置

3.2.5 ANYBUS 网关配置

1. CoDeSys 软件中的设置内容

1）安装 ANYBUS 描述文件

打开 CoDeSys 软件，打开一个程序或新建一个程序，单击"Tools"菜单，选择"Device Repository"选项，如图 3－24 所示。

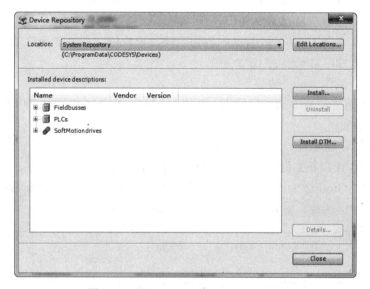

图 3－24 "Device Repository" 对话框

单击"Install"按钮并安装 ANYBUS 模块的描述文件，注意文件类型必须选择为 EtherCAT 的 xml 描述文件，如图 3－25 所示。

2）配置 EtherCAT 主站

安装文件后可以在程序中添加 EtherCAT_Master。连接后在 EtherCAT_Master 中选择网关的 MAC 地址，注意需要勾选"Options"选项中的"Auto restart slaves"，如图 3－26 所示。

图 3 - 25　"Install Device Description" 对话框

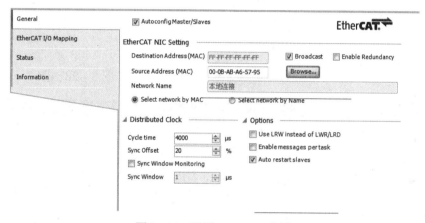

图 3 - 26　配置 EtherCAT 主站

3）添加 ANYBUS 从站

将外设连接完成并登录后可以通过扫描外部设备的方式将所有从站模块添加进来，用鼠标右键在 EtherCAT_Master 中单击 "scan for devices" 按钮，并选择将所有外设添加至程序。成功添加后可以在 EtherCAT_Master 分支中看到所有已连接的外设，ANYBUS 通信模块显示为 "ANYBUS_X_gateway_Slave"。

4）配置 ANYBUS 从站

单击 "ANYBUS_X_gateway_Slave" 通信模块，在右侧配置中勾选 "Enable expert settings"。之后在多出的专家过程数据中配置输入和输出的交互数据，注意输出指针必须为 16#1600，输入指针必须为 16#1A00，如图 3 - 27 所示，交互信号为输入和输出信号各 16 字节。

2. ANYBUS 模块配置

1）ANYBUS 软件配置

使用 ANYBUS 中的自带数据线将电脑与模块连接。打开 ANYBUS 软件（软件可以从 ANYBUS 官网免费下载）后单击 "connect" 按钮连线。

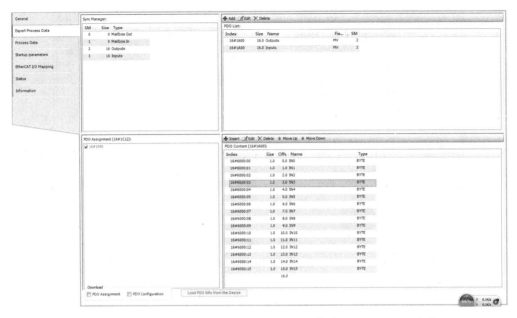

图 3-27　配置 ANYBUS 从站

开启自动重连选项，并分别配置两侧交互信号的长度，如图 3-28～图 3-30 所示。

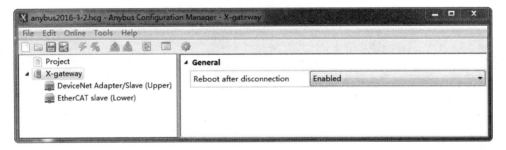

图 3-28　ANYBUS 软件配置（1）

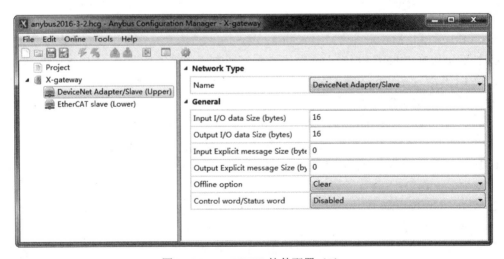

图 3-29　ANYBUS 软件配置（2）

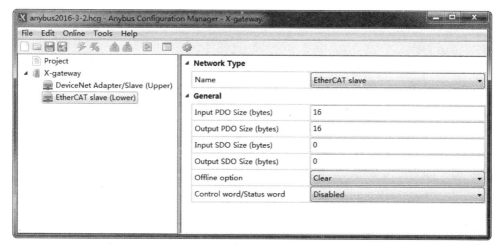

图 3 – 30　ANYBUS 软件配置（3）

配置也可以单独保存成 hcg 文件。

2）ANYBUS 模块播码开关

播码开关 1、2 为波特率调节使用，3～8 为 MAC ID 配置。

3.3　程　　序

```
TRANS
0000     NOP
0001  001  MOVJ  VJ=20
0002  OUT  OT#1=ON
0003  OUT  OT#2=OFF
0004  002   MOVJ  VJ=20
0005  003    MOVL VL=300.0
0006  OUT OT#1=OFF
0007  OUT OT#2=ON
0008  WAIT IN#2=ON  T=-1.000
0009  004 MOVL VL=300.0
0010  005 MOVJ VJ=20
0011     WAIT IN#49=OFF  T=-1.000
0012  006 MOVJ VJ=20
0013  007MOVL VL=300.0
0014     OUT OT#1=ON
```

```
0015    OUT  OT#2=OFF
0016     WAIT  IN#1=ON  T=-1.000
0017  008  MOVL  VL=300.0
0018  009  MOVL   VJ=20
0019  010  MOVL   VJ=20
0020  011  MOVL   VJ=20
0021  012  MOVL   VJ=300.0
0022     OUT  OT#1=OFF
0023     OUT  OT#2=ON
OO24     WAIT IN#2=ON   T=-1.000
0025 013  MOVL  VL=300.0
0026 014  MOVJ   VJ=20
0027     WAIT  IN#49=OFF   T=-1.000
0028 015 MOVJ VJ=20
0029 016 MOVL VL=300.0
0030  OUT OT#1=ON
0031  OUT OT#2=OFF
0032  WAIT  IN#1=ON  T=-1.000
0033  017  MOVJ VL=300.0
0034  018  MOVJ VL=20
0035  019  MOVJ VL=20
0036  020  MOVJ VL=20
0037  021  MOVJ VL=300.0
0038   OUT  OT#1=OFF
0039   OUT  OT#2=OFF
0040   WAIT  IN#2=ON  T=-1.000
0041  022  MOVL  VL =300.0
0042  023  MOVJ  VJ =20
0043  WAIT  IN#49=OFF  T=-1.000
0044  024  MOVJ VJ=20
0045 025 MOVL VL=300.0
0046  OUT OT#2=OFF
0047   OUT OT#1=ON
0048   WAIT  IN#1=ON  T=-1.000
0049 026  MOVL VL=300.0
0050 027  MOVL VJ=20
0051 028  MOVJ VJ=20
0052 029  C
0053 030  MOVL VL=300.0
```

```
0054 OUT  OT#1=OFF
0055 OUT  OT#2=ON
0056  WAIT IN#2=ON  T=-1.000
0057 031 MOVL VL=300.0
0058 032 MOVL VJ=20
0059  WAIT IN#49=OFF  T=-1.000
0060  033  MOVJ VJ=20
0061  034  MOVL VL=300.0
0062   OUT OT#2=OFF
0063   OUT OT#1=ON
0064    WAIT  IN#1=ON
0065 035  MOVL VL=300.0
0066 036  MOVJ VJ=20
0067 037  MOVJ VJ=20
0068   DELAY T=0.500
0069   CALL  D.2.C.
0070   DELAY T=0.500
0071   CALL  TRANS.B
0072   END
```

作业 D.2.C

```
0000 NOP
0001 001 MOVJ VJ=20
0002 002 MOVJ VJ=20
0003 003 MOVL VL=300.0
0004   OUT  OT#1=OFF
0005   OUT  OT#2=ON
0006  WAIT IN#2=ON  T=-1.000
0007 004 MOVL VL=300.0
0008 005 MOVJ VJ=20
0009   WAIT IN#49=OFF  T=-1.000
0010 006 MOVJ VJ=20
0011 007 MOVL VL=300.0
0012  OUT OT#1=ON
0013  OUT OT#2=OFF
0014  WAIT IN#1=ON  T=-1.000
0015 008 MOVL VL=300.0
0016 009 MOVJ VJ=20
0017 010 MOVJ VJ=20
```

```
0018 011 MOVJ VJ=20
0019 012 MOVL VL=300.0
0020   OUT OT#1=OFF
0021   OUT OT#2=ON
0022   WAIT IN#2=ON  T=-1.000
0023 013 MOVL VL=300.0
0024 014 MOVJ VJ=20
0025   WAIT IN#49=OFF T=-1.000
0026  015 MOVJ VJ=20
0027 016 MOVL VL=300.0
0028   OUT OT#1=ON
0029   OUT  OT#2=OFF
0030   WAIT IN#1=ON  T=-1.000
0031 017 MOVL VL=300.0
0032 018  MOVJ VJ=20
0033 019   MOVJ VJ=20
0034  020  MOVJ VJ=20
0035 021 MOVL VL=300.0
0036   OUT  OT#1=OFF
0037   OUT  OT#2=ON
0038   WAIT IN#2=ON  T=-1.000
0039 022 MOVL VL=300.0
0040 023 MOVJ VJ=20
0041  WAIT  IN#49=OFF T=-1.000
0042 042 MOVJ VJ=20
0043 025 MOL VL=300.0
0044   OUT OT#2=OFF
0045   OUT OT#1=ON
0046   WAIT IN#1=ON  T=-1.000
0047  026  MOVL VL=300.0
0048  027  MOVJ VJ=20
0049  028  MOVJ VJ=20
0050  030  MOVJ VJ=20
0051 030 MOVL VL=300.0
0052  OUT OT#1=OFF
0053  OUT OT#2=ON
0054   WAIT IN#2=ON  T=-1.000
0055  031  MOVL  VL=300.0
0056  032  MOVJ  VJ=20
```

0057　WAIT IN#49=OFF　T=-1.000

0058 033 MOVJ VJ=20

0059　034 MOVL VL=300.0

0060　OUT OT#2=OFF

0061　OUT OT#1=ON

0062　WAIT IN#1 =ON T=-1.000

0063 035 MOVL VL=300.0

0064 036 MOVJ VJ=20

0065 037 MOVJ VJ=20

0066　RET

0067　END

作业 TRANS.B

0000　NOP

0001 001 MOVJ VJ=20

0002　L1

0003 002 MOVJ VJ=20

0004　WAIT IN#50=ON　T=-1.000

0005 003 MOVJ VJ=20

0006 004 MOVJ VJ=300.0

0007　OUT OT#1 =OFF

0008　OUT OT#2 =ON

0009　WAIT IN#2=ON　T=-1.000

0010 005 MOVL VL=300.0

0011 006 MOVJ VJ=20

0012 007 MOVJ VJ=20

0013 008 MOVL VL=300.0

0014　OUT OT#2=OFF

0015　OUT OT#1=ON

0016　WAIT IN#1=ON　T=-1.000

0017 009 MOVL VL=300.0

0018　L2

0019 010 MOVJ VJ=20

0020　WAIT　IN#50=ON　T=-1.000

0021 011 MOVJ VJ=20

0022 012 MOVL VL=300.0

0023　OUT OT#1=OFF

0024　OUT OT#2=ON

0025　WAIT　IN#2=ON T=-1.000

```
0026 013 MOVL VL=300.0
0027 014 MOVJ VJ=20
0028 015 MOVJ VJ=20
0029 016 MOVL VL=300.0
0030     OUT  OT#2=OFF
0031     OUT  OT#1=ON
0032     WAIT IN#1=ON  T=-1.000
0033 017 MOVL VL=300.0
0034     L3
0035 018 MOVJ VJ=20
0036     WAIT  IN#50=ON T=-1.000
0037 019 MOVJ VJ=20
0038 020 MOVL VL=300.0
0039     OUT OT#1=OFF
0040     OUT OT#2=ON
0041     WAIT  IN#2=ON T=-1.000
0042 021 MOL VL=300.0
0043 022 MOVJ VJ=20
0044 023 MOVJ VJ=20
0045 024 MOVL VL=300.0
0046     OUT OT#2=OFF
0047     OUT OT#1=ON
0048     WAIT  IN#1=ON T=-1.000
0049 025 MOVL VL=300.0
0050 026 MOVJ VJ=20
0051     L4
0052 027 MOVJ  VJ=20
0053     WAIT IN#50=ON  T=-1.000
0054 028 MOVL  VL=300.0
0055     OUT OT#1=OFF
0056     OUT OT#2=ON
0057     WAIT IN#2=ON  T=-1.000
0058 029 MOVL VL=300.0
0059 030 MOVJ VJ=20
0060 031 MOVJ VJ=20
0061 032 MOVL VL=300.0
0062     OUT OT#2=OFF
0063     OUT OT#1=ON
0064     WAIT IN#1=ON  T=-1.000
```

```
0065 033 MOVL VL=300.0
0066 034 MOVJ VJ=20
0067     CALL D.2.C..B
0068     DELAY T=0.500
0069     RET
0070     END
```

作业 D.2.C..B

```
0000     NOP
0001     L1
0002 001 MOVJ VJ=20
0003     WAIT IN#50=ON  T=-1.000
0004 002 MOVJ VJ=20
0005 003 MOVJ VJ=300.0
0006     OUT OT#1 =OFF
0007     OUT OT#2 =ON
0008     WAIT IN#2=ON  T=-1.000
0009 004 MOVJ VJ=300.0
0010 005 MOVJ VJ=20
0011 006 MOVJ VJ=20
0012 007 MOVL VL=300.0
0013     OUT OT#2=OFF
0014     OUT OT#1=ON
0015     WAIT IN#1=ON  T=-1.000
0016 008 MOVL VL=300.0
0017     L2
0018 009 MOVJ VJ=20
0019     WAIT  IN#50=ON T=-1.000
0020 010 MOVJ VJ=20
0021 011 MOVL VL=300.0
0022     OUT OT#1=OFF
0023     OUT OT#2=ON
0024     WAIT  IN#2=ON T=-1.000
0025 012 MOVL VL=300.0
0026 013 MOVJ VJ=20
0027 014 MOVJ VJ=20
0028 015 MOVL VL=300.0
0029     OUT  OT#2=OFF
0030     OUT  OT#1=ON
```

```
0031    WAIT IN#1=ON  T=-1.000
0032 016 MOVL VL=300.0
0033    L3
0034 017 MOVJ VJ=20
0035    WAIT  IN#50=ON T=-1.000
0036 018 MOVJ VJ=20
0037 019 MOVL VL=300.0
0038    OUT OT#1=OFF
0039    OUT OT#2=ON
0040    WAIT  IN#2=ON T=-1.000
0041 020 MOL VL=300.0
0042 021 MOVJ VJ=20
0043 022 MOVJ VJ=20
0044 023 MOVL VL=300.0
0045    OUT OT#2=OFF
0046    OUT OT#1=ON
0047    WAIT  IN#1=ON T=-1.000
0048 024 MOVL VL=300.0
0048 025 MOVJ VJ=20
0050    L4
0051 026 MOVJ  VJ=20
0052    WAIT IN#50=ON  T=-1.000
0053 027 MOVL  VL=300.0
0054    OUT OT#1=OFF
0055    OUT OT#2=ON
0056    WAIT IN#2=ON  T=-1.000
0057 028 MOVL VL=300.0
0058 029 MOVJ VJ=20
0059 030 MOVJ VJ=20
0060 031 MOVL VL=300.0
0061    OUT OT#2=OFF
0062    OUT OT#1=ON
0063    WAIT IN#1=ON  T=-1.000
0064 032 MOVL VL=300.0
0065 033 MOVJ VJ=20
0066    RET
0067    END
```

3.4　电气维护

3.4.1　维护安全

在维护过程中，操作人员的安全始终是最重要的。在保证现场人员安全的基础上，也尽量保证设备的安全运行。机器人工作过程中安全优先级别依次为：

人员＞外部设备＞机器人＞工具＞加工件

为了保证使用与维护机器人过程中人员与设备的安全，需要采取相应的安全措施，以提高安全性。

3.4.2　生产前安全培训

所有操作、编程、维护以及以其他方式操作机器人系统的人员均应经过课程培训，学习机器人系统的正确使用方法。未受过培训的人员不得操作机器人。

3.4.3　严格遵守现场操作安全规定

现场维护人员执行维护任务需遵守以下规定：

（1）不得戴手表、手镯、项链、领带等饰品，也不得穿宽松的衣服，因为操作人员有被卷入运动的机器人之中的可能。长发人士应妥善处理头发后再进入工作区域。

（2）不要在机器人附近堆放杂物，应保证机器人工作区域的整洁，使机器人处于安全的工作环境中。

检查维护之前应确认以下注意事项：

（1）明确机器人的工作区域。工作区域是由机器人的最大移动范围所决定的区域，包括安装在手腕上的外部工具以及工件所需的延伸区域。将所有控制器放在机器人工作区域之外。

（2）使用联动装置，使机器人与其他工作单元（如砂带机、抛光机等）联动，保证相关工作单元协同工作。

（3）确保所有外部装置均已得到了合格的过滤、接地、屏蔽和抑制处理，防止电磁干扰（EMI）、射频干扰（RFI）、静电释放（ESD）等原因导致的机器人的危险运动。

（4）在工作单元内提供足够的空间，允许人员对机器人进行示教，并安全地执行维护任务。

（5）在安全方面，不要视软件为可完全依赖的安全零部件。

（6）不要进入正在运行的机器人的工作区域，对机器人示教操作例外。

3.4.4　机器人操作原则

1. 示教过程中应采取的操作步骤

（1）采用较低的运动速度，每次执行一步操作，使程序至少运行一个完整的循环。

（2）采用较低的运动速度，连续测试，每次至少运行一个完整的工作循环。

（3）以合适的增幅不断提高机器人的运动速度，直至实际应用的速度，连续测试，至少运行一个完整的工作循环。

2. 执行模式下的安全操作原则

负责机器人操作的相关人员需遵守下述原则：

（1）熟悉整个工作单元。工作单元包括机器人、机器人的工作区域、所有外部设备以及需要与机器人产生关系的其他工作单元所占的区域。机器人运动类型可以连续设定，因此其可能在不同运动类型间转换，机器人运动区域包括其所有运动类型所涉及的运动空间。

（2）在进入执行模式之前，了解机器人程序所要执行的全部任务。

（3）操作机器人之前，确保所有人员（除示教人员外）位于机器人工作区域之外。

（4）机器人在执行模式下运动时，不允许任何人员进入工作区域。

（5）了解可控制机器人运动的开关、传感器以及控制信号的位置和状态。

（6）熟知紧急停止按钮在机器人控制设备和外部控制设备上的位置，以应对紧急状态。

（7）机器人未运动时，可能是在等待输入信号，在未确定机器人是否完成程序所规定的任务之前，不得进入机器人工作区域。

（8）不要用身体制止机器人的运动。要想立刻停止机器人的运动，唯一的方法是按下控制面板、示教器或工作区外围紧急停止站上的紧急停止按钮。

3.4.5　维护期间机器人安全操作原则

在机器人系统上执行维护操作时，应遵守下述原则：

（1）当机器人或程序处于运行状态时，不要进入工作区域。

（2）进入工作区域之前，仔细观察工作单元，确保安全。

（3）进入工作区域之前，测试示教器的工作是否正常。

（4）如果需要在接通电源的情况下进入机器人工作区域，必须确保能完全控制机器人。

（5）在绝大多数情况下，在执行维护操作时应切断电源。打开控制器前面板或进入工作区域之前，应切断控制器的三相电源。

（6）移动伺服电机或制动装置时应注意，如果机器人臂未支撑好或因硬停机而中止，相关的机器人臂可能会落下。

（7）更换和安装零部件时，不要让灰尘或碎片进入系统。

（8）更换零部件时应使用指定的品牌与型号。为了防止对控制器中零部件的损害和火灾，不要使用未指定的保险丝。

（9）重新启动机器人之前，确保在工作区域内没有人员，确保机器人和所有的外部设备均工作正常。

（10）为维护任务提供恰当的照明。注意，所提供的照明不应产生新的危险因素。

（11）如果需要在检查期间操作机器人，应留意机器人的运动情况，并在必要时按下紧急停止按钮。

（12）电机、减速器、制动电阻等零部件在机器正常运行过程中会产生大量的热，存在烫伤风险。在这些零部件上工作时应穿戴防护装备。

（13）更换零部件后，务必使用螺纹紧固螺丝。

（14）更换零部件或进行调整后，应按照下述步骤测试机器人的运行情况：

① 采用较低的速度，单步运行程序，至少运行一个完整的循环；

② 采用较低的速度，连续运行程序，至少运行一个完整的循环；

③ 增加速度，路径有所变化，以 5%～10%的速度间隔，最大 99%速度运行程序；

④ 使用设定好的速度，连续运行程序，至少运行一个完整的循环，执行测试前，确保所有人员均位于工作区域外；

（15）维护完成后，清理机器人附近区域的杂物，清理油、水和碎片。

3.4.6 机器人电气维护注意事项

请操作及维护人员应注意以下事项：

（1）控制柜门应锁闭，只有具备资格的人才有钥匙打开柜门进行操作。

（2）打开控制柜门操作时需要佩戴防静电腕带。

（3）安装机器人时，为方便操作，建议控制柜安装在围栏外，当进入围栏进行维护时，控制柜上应有维修警示标示，防止误操作发生人身伤害及设备损坏。

（4）有关电气的维护应该在控制柜电源关闭的情况下进行，若有特殊情况需要在上电时进行，一定要按照手册操作，带电作业有可能造成人身伤害、设备损坏。

（5）控制柜上的按钮及开关操作必须具有操作资质（急停按钮除外），不清楚按钮的含义而去操作可能造成人身伤害及设备损坏。

（6）操作示教盒必须具有操作资质，对机器人不熟悉的人操作机器人可能造成人身伤害、设备损坏。

3.4.7 系统维护

（1）本系统采用 380 V 交流供电，对设备进行例行保养、维护、维修、改造等操作前应确保设备主电源关闭，重新上电后应确保设备线路正确无异常。

（2）本系统气动设备采用高压气源，对气动设备以及气路进行检修时应确认气源已经关闭。

（3）设备运行期间需按照操作规程使用，人员不能擅自进入安全围栏内，如有紧急情况，需先停止所有设备再进入。

（4）请勿在设备本体上存放物品，维修设备后需将所有工具带出，不得遗留任何工具在安全围栏内。

（5）勿在设备自动模式下用身体部位触碰物料检测传感器，这会导致传感器检测失误，使机器人误抓料，从而造成重大人身伤亡事故。

（6）勿在工业机器人上料位的料盘内人工添加料块，以免机器人夹手发生碰撞，造成机器人的损坏。

（7）设备需要维修时需要开启相应的设备维修屏蔽功能，例如：对机器人进行操作时，需要将设备调到手动，将机器人调到本地模式。

（8）生产完毕后人员离开之前应关闭设备电源。

（9）在维修设备的过程中，严禁踩踏工业机器人和其他相关设备。

（10）在使用主控柜触摸屏的过程中使用手指触摸，切勿使用硬物撞击触摸屏。

（11）避免使用硬物敲击电控柜，电控柜内有大量航插原件，容易因敲击造成线路故障。

（12）切换机器人控制柜上钥匙开关时用力不要过大，速度不要过快，以免损坏钥匙开关。

（13）设备下电之后不要立即上电，下电与上电间隔不应小于 3 s。

（14）防护网安全门要轻开、轻关，关闭安全门后要确保安全门关闭成功。

（15）设备结束当日工作后，需要用软抹布轻轻擦拭线体上各个工位的到位检测传感器。

（16）定期用干燥的软材料（纸张或布料）擦拭夹手上的传感器，擦拭时不能改变传感器的位置、方向、角度，建议擦拭频率为每一到两周一次。

（17）定期清理主控柜侧面通风口的灰尘，以免影响电气原件散热。

3.5 电气故障

电气故障及处理方法见表 3－2。

表 3－2 电气故障及处理方法

序号	报警文本	说明	处理方法
1	急停报警	当主控柜急停被按下时，显示该报警	当紧急停止情况可以解除时，沿顺时针方向将主控柜上的急停旋钮旋起后，按"复位"按钮
2	变频器 1 报警	当控制柜后侧变频器 1 出现故障时，显示该报警	联系相关技术人员查看变频器 1 的报警代码。处理完成后，按"复位"按钮
3	变频器 2 报警	当控制柜后侧变频器 2 出现故障时，显示该报警	联系相关技术人员查看变频器 2 的报警代码。处理完成后，按"复位"按钮
4	变频器 3 报警	当控制柜后侧变频器 3 出现故障时，显示该报警	联系相关技术人员查看变频器 3 的报警代码。处理完成后，按"复位"按钮
5	变频器 4 报警	当控制柜后侧变频器 4 出现故障时，显示该报警	联系相关技术人员查看变频器 4 的报警代码。处理完成后，按"复位"按钮
6	变频器 5 报警	当控制柜后侧变频器 5 出现故障时，显示该报警	联系相关技术人员查看变频器 5 的报警代码。处理完成后，按"复位"按钮
7	侧推气缸伸出未到位	在自动情况下，线体侧推气缸伸出电磁阀有信号，在间隔 10 s 内，气缸伸出磁环没有检测到信号，显示该报警	检查气缸是否伸出到位，检查气缸伸出磁环位置是否松动，检查磁环是否损坏
8	侧推气缸缩回未到位	在自动情况下，线体侧推气缸缩回电磁阀有信号，在间隔 10 s 内，气缸缩回磁环没有检测到信号，显示该报警	检查气缸是否缩回到位，检查气缸缩回磁环位置是否松动，检查磁环是否损坏
9	顶升气缸伸出未到位	在自动情况下，线体顶升气缸伸出电磁阀有信号，在间隔 10 s 内，气缸伸出磁环没有检测到信号，显示该报警	检查气缸是否缩回到位，检查气缸伸出磁环位置是否松动，检查磁环是否损坏
10	顶升气缸缩回未到位	在自动情况下，线体侧顶升气缸缩回电磁阀有信号，在间隔 10 s 内，气缸缩回磁环没有检测到信号，显示该报警	检查气缸是否缩回到位，检查气缸缩回磁环位置是否松动，检查磁环是否损坏

续表

序号	报警文本	说明	处理方法
11	加紧气缸伸出未到位	在自动情况下，线体加紧气缸伸出电磁阀有信号，在间隔 10 s 内，气缸伸出磁环没有检测到信号，显示该报警	检查气缸是否缩回到位，检查气缸伸出磁环位置是否松动，检查磁环是否损坏
12	加紧气缸缩回未到位	在自动情况下，线体侧加紧气缸缩回电磁阀有信号，在间隔 10 s 内，气缸缩回磁环没有检测到信号，显示该报警	检查气缸是否缩回到位，检查气缸缩回磁环位置是否松动，检查磁环是否损坏
13	定位气缸伸出未到位	在自动情况下，线体定位气缸伸出电磁阀有信号，在间隔 10 s 内，气缸伸出磁环没有检测到信号，显示该报警	检查气缸是否缩回到位，检查气缸伸出磁环位置是否松动，检查磁环是否损坏
14	定位气缸缩回未到位	在自动情况下，线体侧定位气缸缩回电磁阀有信号，在间隔 10 s 内，气缸缩回磁环没有检测到信号，显示该报警	检查气缸是否缩回到位，检查气缸缩回磁环位置是否松动，检查磁环是否损坏

第4章

激光切割机器人编程操作

本章目标

（1）掌握工业机器人激光切割运动的特点及程序编写方法；

（2）能使用工业机器人基本指令正确编写切割控制程序。

4.1 切割编程实例

五角星切割程序如下：

```
0000          NOP
0001   001    MOVL    VJ=10              示教标记点位1
0002   002    MOVJ    VJ=10              示教标记点位2
0003   003    MOVJ    NJ=10              示教标记点位3
0004   004    MOVL    VL=100.0
0005   005    MOVJ    VL=100.0
0006   006    MOVL    VL=100.0
0007   007    MOVL    VL=100.0
0008   008    MOVL    VL=100.0
0009   009    MOVJ    VJ=10              示教标记点位4
0010   010    MOVJ    VJ=10              示教标记点位5
0011          END
```

4.2　编程知识点

4.2.1　工具坐标系

工具坐标系的定义如图 4-1 所示。

工具坐标系定义在工具上，由用户自己定义，原点位于机器人手腕法兰盘的夹具上，一般将工具的有效方向定义为工具坐标系的 Z 轴方向，X 轴、Y 轴方向由右手定则定义。默认的工具坐标系原点位于法兰盘中心点。按轰操作键时控制中心点的动作情况见表 4-1。

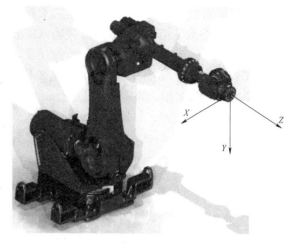

图 4-1　工具坐标系的定义

表 4-1　按轰操作键时控制中心点的动作情况

轰操作键	动作
X+ J1　X- J1	与工具坐标系 X 方向平行的正向运动、负向运动
Y+ J2　Y- J2	与工具坐标系 Y 方向平行的正向运动、负向运动
Z+ J3　Z- J3	与工具坐标系 Z 方向平行的正向运动、负向运动
Rx+ J4　Rx- J4	绕着工具坐标系 X 方向的正向转动、负向转动
Ry+ J5　Ry- J5	绕着工具坐标系 Y 方向的正向转动、负向转动
Rz+ J6　Rz- J6	绕着工具坐标系 Z 方向的正向转动、负向转动

4.2.2　工具坐标系的设置

机器人要完成某种工作，需安装相应的工具。以激光切割机器人为例，工具对于机器人系统来说就是激光枪。在安装新的激光枪后，要重新建立工具坐标系。在已知激光枪参数的情况下，可以直接输入。在安装激光枪后，根据机械接口坐标系和激光枪的尺寸，求得激光枪参数，激光枪参数分为平移量 X，Y，Z 和旋转角 R_x，R_y，R_z，旋转按 Z 轴、Y 轴、X 轴进行。先进行平移变换，后进行旋转变换，如图 4-2 所示。

操作步骤如图 4-3 所示。

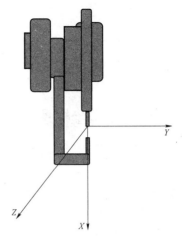

图 4-2　工具的 Z、X、Y 轴

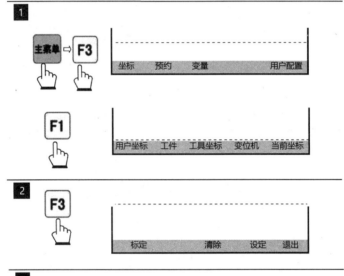

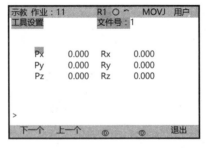

图 4-3　工具坐标系的设置

只使用一种工具时，建议不要使用多个工具坐标系，这样容易将不同工具坐标系下示教的作业混淆而发生危险，因为同一个作业在不同的工具坐标系下的轨迹是不同的。

使用多种工具或多个工具坐标系时，建议每个作业顶端增加"SET TF#<工具坐标系文件号>"指令，使每个作业的每条指令在执行时有明确的工具坐标系属性。

4.2.3　工具坐标系的标定

工具坐标系的标定方法：在机器人附近找一点，使工具中心点对准该点，保持工具中心点不变，变换夹具的姿态，共记录 5 次，即可自动生成工具坐标系的参数，如图 4-4所示。

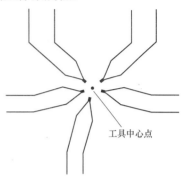

图 4-4　工具中心点标定示意

工具坐标系的参数自动生成后，在工具戒直角坐标下，变换夹具的姿态，如果工具中心点基本不变，表明工具坐标系参数生成正确。

操作步骤见表 4-2。

表 4-2　操作步骤（标定工具坐标系）

步骤	详细内容
1. 路径	主菜单→用户→坐标→工具坐标→标定
2. 进入工具坐标系标定界面	（屏幕界面：工具标定　工具号：1　关节值，工具标定点1 OFF 0.000，工具标定点2 OFF，工具标定点3 OFF，工具标定点4 OFF，工具标定点5 OFF，示教五次（姿态不同），下一个 上一个 退出）
3. 按轴运动键移动机器人，在工具中心点接近参考点后，按"确认"键记录该点，此时工具标定点的状态切换到"ON"	（屏幕界面：工具标定　工具号：1　关节值，工具标定点1 ON，工具标定点2 ON，工具标定点3 ON，工具标定点4 ON，工具标定点5 ON，示教五次（姿态不同），下一个 上一个 退出）

步骤	详细内容
4. 所有示教点都记录完成后，按"退出"键，工具坐标系被保存	

注：标定界面不能显示当前工具号是否被标定过，如果在已经标定过的工具号中再次标定，新坐标系会覆盖旧坐标系。如需查询工具坐标系是否标定过，可以到工具坐标系设定中查询。

4.2.4　工具坐标系姿态的标定

　　标定工具坐标系时首先通过五点法进行末端姿态的标定，此标定仅仅标定了末端姿态的一点，工具坐标系中的姿态标定进一步标定了工具坐标系的 X、Y、Z 轴的方向，使机器人可以沿工具坐标系运动（Z 轴方向未发生发化时可不进行姿态标定）。共可标定 8 个工具坐标系。

　　操作步骤见表 4-3。

表 4-3　操作步骤（标定工具坐标系姿态）

步骤	详细内容
1. 路径	主菜单→用户→坐标→工具坐标→姿态标定
2. 进入工具坐标系姿态标定界面，共可以设定 8 个工具坐标系。依次标定工具坐标系的原点、X 轴正方向、Z 轴负方向	
3. 完成示教点的记录后，按"保存"键，工具坐标系被保存	

注：在姿态标定前，工具的 X、Y、Z 轴已标定，如果此时 R_x、R_y、R_z 的值不为 0，则在工具坐标系的设定中将它们设置为 0。
确定坐标系原点时，OX 确定坐标系 X 轴正方向，OZ 确定坐标系 Z 轴负方向，反方向标定可避免干涉。

4.2.5　工具坐标系的设定

　　机器人要完成特定的工作，需安装相应的工具并设立相应的工具坐标系。以弧焊机器人为例，弧焊机器人工具坐标系的设定是指将机器人的默认的工具坐标系（法兰坐标系）转化成需要的工具坐标系，其中转化过程需要两组数据：（1）新的工具坐标系的机器人控制点在法兰坐标系下的偏移量；（2）法兰坐标系与工具坐标系的相对角度数据。把法兰坐标与转至与工具坐标系一致时所需角度作为输入值，面对箭头的逆时针为正方向，以 $R_x{\rightarrow}R_y{\rightarrow}R_z$ 的顺序输入。如图 4-5 所示。

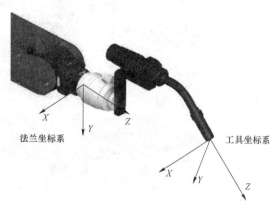

图 4-5 工具坐标系的设定示意

操作步骤见表 4-4。

表 4-4 操作步骤（工具坐标系的设定）

步骤	详细内容
1. 路径	主菜单→用户→坐标→工具坐标→设定
2. 按"确认"键，显示工具坐标系设定界面，共可以设定 8 个工具坐标系	
3. 输入正确的参数，并按"保存"键，工具坐标系被保存	

4.2.6 工具坐标系的清除

操作步骤见表 4-5。

表 4-5 操作步骤（工具坐标系的清除）

步骤	详细内容
1. 路径	主菜单→用户→坐标→工具坐标→清除
2. 按"确认"键，弹出提示信息	
3. 按"确认"键，工具坐标系被清除	

4.2.7　作业中的工具坐标系号的选择

在作业中可以选择工具坐标系号，选择方法为通过指令选择。"SET TF#<坐标系号>"为工具坐标系选择指令。

"SET TF#<坐标系号>"指令可以出现在作业的顶端，也可以出现在作业的中间和末端。该指令执行后，系统的当前工具坐标系号被改变，工具坐标系号的改变不仅对自动执行的作业有影响，示教模式下的轴操作也使用新设定的工具坐标系号。

4.2.8　当前坐标系号的查看和设置

当前坐标系不仅可以通过按键快速进行设定，也可以通过示教盒界面进行查看与设定，操作步骤如图 4-6 所示。

4.2.9　选择工具坐标系号的注意事项

如果客户使用 1 个工具坐标系，作业中可以没有"SET TF#<坐标系号>"指令；如果客户使用多个工具坐标系，为了避免工具坐标系的混乱，建议每个作业的顶端增加"SET TF"指令，使每个作业的每条指令使用的工具坐标系都在作业的执行过程中得到明确，避免因当前工具坐标系号错误造成执行作业时的机器人轨迹错误。

在使用多个工具坐标系的情况下，添加和插入指令前需要确定当前工具坐标系号为客户想要使用的工具坐标系号。

改变作业中的工具坐标系号（"SET TF#"后的号）时，需要确认是否该指令后所有的点都使用该工具坐标系文件，并对该指令后使用新工具坐标系号的所有点使用正向运动进行验证。具体的验证方法为：确认或更改当前工具坐标系号为新设定的工具坐标系号，再使用正向运动键验证"SET TF#"指令后的示教点。

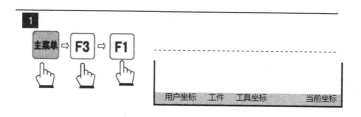

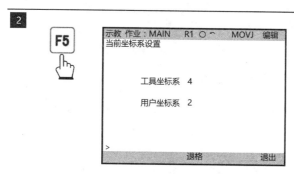

图 4-6 当前坐标系号的查看与设置

4.3 示教点偏移功能

示教点偏移功能指的是在示教作业中个别示教点可以在原示教位置的基础上进行偏移，如图 4-7 所示。为了明确表明偏移功能，采用 6 轴机器人作讲解，码垛机器人与之原理相同。

原示教作业路径为：P1→P2→P3→P4→P5，通过示教点偏移功能，可以将 P2→P3→P4→P5 的路径进行统一偏移，P2′、P3′、P4′、P5′相对原示教位置距离相等并且示教作业中的 P1 点可以不发生偏移。

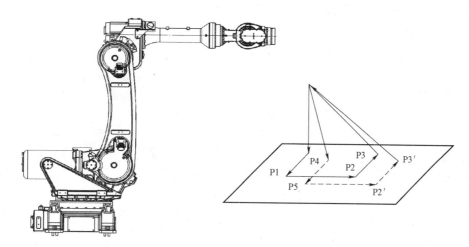

图 4-7 点位偏移

指令"SHIFTON"与"SHIFTOFF"指明哪些运动指令需要发生偏移，在这两条指令以外的运动指令不发生偏移。

4.3.1 示教点位置偏移功能的分类

示教点位置偏移功能可以用两种方法实现，即依据配置文件进行偏移和依据位置变量进行偏移。

依据配置文件进行偏移，需要先进行偏移的配置，在作业中使用"SHIFTON #<配置文件号>"指令确定偏移的起始位置，依据位置变量 Pxx 进行位置偏移，需要先给 Pxx 变量赋值，在作业中使用"SHIFTON Pxx F#x"指令确定偏移的起始位置。

4.3.2 依据配置文件进行偏移

发生偏移的运动指令偏移的距离在偏移配置文件中设定，新松机器人系统支持 8 个偏移配置文件。

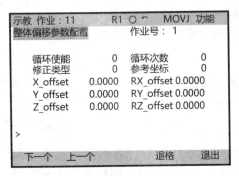

图 4-8　偏移配置界面

偏移配置界面如图 4-8 所示。

按"下一个（F1）"键，作业号加 1，直到作业号 8；按"上一个（F2）"键，作业号减 1，直到作业号 1。作业号就是配置文件号，对应"SHIFTON #<配置文件号>"指令中的参数值。

界面中参数的含义如下：

（1）循环使能 0：循环次数不进行累加。

（2）循环使能 1：循环次数进行累加。

（3）循环次数：执行一次"SHIFTON"指令，循环次数加 1。示教位置的偏移量＝偏移配置中的设置值×（循环次数+1）。如果需要重新计数，操作者必须手动设置循环次数为 0。当循环次数不为 0 时，将循环使能设置为 0，则循环次数不再进行累加，偏移量保持该循环次数时的偏移量。

（4）修正类型 0：基于位置点只偏移示教位置。目前只支持基于位置点偏移，不支持基于坐标转角的偏移。

（5）参考坐标 1：预留，无定义。

（6）参考坐标 2：基于基坐标系偏移。

（7）参考坐标 3：基于工具坐标系偏移。

（8）参考坐标 4：基于用户坐标系偏移。

其他设置值是示教位置基于参考坐标系的偏移值。

1. 偏移限制

偏移限制界面中设置了偏移配置界面设置值的输入范围，在偏移配置界面中如果输入的数值超过偏移限制界面的最大值/最小值，输入的数值不能被成功保存。

偏移限制界面如图 4-9 所示。

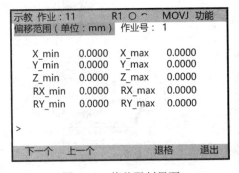

图 4-9　偏移限制界面

其菜单操作同偏移配置界面。界面中的参数说明如下：

X_min 是配置界面中 X_offset 设置值的最小输入值，X_max 是 X_offset 的最大输入值。其他参数含义依此类推。参数输入范围为 –1 000～1 000。

2. 进入配置文件的操作步骤

进入两个界面的操作步骤如图 4–10 所示。

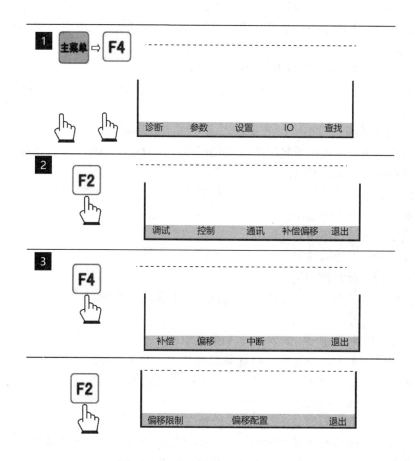

图 4–10　进入两个界面的操作步骤

3. 偏移配置文件中循环次数的清除

应用中如果使用循环偏移，偏移次数会自动累加，偏移的距离也相应地累加；当出现需要重新开始偏移的情况时，可以使用"CLEAR #<偏移文件号>"指令进行循环次数的清零操作。

4.3.3　依据位置变量进行偏移

偏移的距离由位置变量的值决定。

1. 位置变量

Pxx 位置变量包含 6 个子变量——Pxx.1、Pxx.2、Pxx.3、Pxx.4、Pxx.5、Pxx.6，每个子变量分别代表 X、Y、Z、R_x、R_y、R_z，当使用"SHIFTON Pxx F#x"指令时，指令将 Pxx 的

6个变量值分别赋值给各偏移量"X_offset、Y_offset、Z_offset、Rx_offset、Ry_offset、Rz_offset"，同时通过"#"后面的"X"确定基于哪个坐标系偏移。

位置变量的各子变量可以通过用户变量赋值，也可以将各子变量的值赋给用户变量，通过用户变量的运算功能，可以更加灵活地控制偏移量。

顾名思义，位置变量和机器人位置有一定联系，可以通过指令将机器人的位置赋值给位置变量，不仅可以对当前位置操作，也可以对之后的运动指令所记录的示教位置进行操作。

分别记录2个位置的2个位置变量P1、P2，可以通过指令"GETTM P1 P2"计算位置之间的转换矩阵，并将转换矩阵赋值给P1，此时通过使用值为转换矩阵的位置变量P1进行偏移，就可以实现从P1原位置到P2位置的偏移。

值得注意的是，位置变量 Pxx 的值掉电丢失时，重新启动机器人控制柜后需要对 Pxx 重新运算赋值。

2. 位置变量赋值指令

（1）给位置变量赋位置值或转换矩阵值的指令在运算类的 Get 下，各指令说明如下。

① "GETTP Pxx"功能说明：

获取该指令的下一条运动指令中的示教位置。

注意：如果下一条不是运动指令，则报警并停止运行。

参数为位置变量号，范围为1~100。

② "GETCP Pxx"功能说明：

将机器人当前位置赋值到位置变量中。

注意：要确定机器人已经停止运动，否则获取的位置不准确。

参数为位置变量号。

③ "GET TM P<参数1> P<参数2>"功能说明：

计算两个位置变量的转换矩阵，将计算结果放到参数1中。参数为位置变量号。

（2）给位置变量赋实型用户变量值的指令在运算类的 SET 下，各指令说明如下。

① "SET Pxx Pxx"功能说明：

将参数2的位置值赋给参数1。参数为位置变量号。

注意：目前没有给位置变量清零的指令，但是系统启动时所有位置变量都为0，需要清零时可以将值为0的位置变量赋值给需要清零的位置变量。

② "SET Px.x Rxx"功能说明：给位置变量的分量赋值。参数1为位置变量号，参数2为位置变量分量（1：x；2：y；3：z；4：RX；5：RY；6：RZ），参数3为浮点变量号。

3. 偏移指令

1）指令格式：SHIFTON #<参数1>

（1）参数说明：参数1为偏移配置的文件号。

（2）功能说明：该指令以后的运动指令，都在示教位置的基础上按照参数1的配置进行偏移。

2）指令格式：SHIFTON P<参数1> F#<参数2>

（1）参数说明：参数1为位置变量号，参数2为坐标系类型（1：预留，无定义；2：基坐标系；3：工具坐标系；4：用户坐标系）。

（2）功能说明：以设定的坐标系按位置变量中的值进行偏移。

注意：如果选择工具和用户坐标系，则按当前坐标系号偏移，需要配合 setuf 和 settf 指令使用。

3）指令格式：SHIFTOFF

（1）参数说明：无参数。

（2）功能说明：停止偏移功能。

注意：如果程序中只有 SHIFTON 指令，没有 SHIFTOFF 指令，则程序执行完第一次循环后，第二次循环时所有的运动指令都发生偏移，即 SHIFTON 指令前的运动指令也发生偏移。

4. 偏移功能失效条件

偏移开始指令（SHIFTON）执行后，下列操作将会使偏移功能失效：

（1）进行了修改、删除、插入操作；

（2）进行了作业的复制、重命名、删除操作；

（3）切断了控制电源；

（4）在示教模式下进行了轴运动或正/反向运动操作；

（5）清空了作业堆栈。

注意：执行开关中偏移功能未使能时，SHIFTON 指令不开始偏移，SHIFTOFF 指令正常执行。

打磨机器人的编程操作

第 5 章

本章目标

（1）掌握打磨机器人的系统构成；

（2）掌握打磨机器人的工作流程；

（3）掌握打磨机器人的编程；

（4）掌握机器人项目实现的一般方法和技巧，掌握程序的优化方法；

（5）能够通过小组合作进行机器人打磨的操作，可自行编程控制打磨机器人完成相关任务；

（6）增强对结构、系统等技术思想的理解，激发对机器人的兴趣，加深对技术的理性思考。

5.1 打磨机器人的系统构成

打磨机器人主要包括机器人系统、打磨系统、电气系统。

机器人系统主要包括：机器人本体、夹具、机器人控制柜、示教器等。

打磨系统主要包括：砂带机、抛光机、上/下料台、打磨刀具、工件定位台等。

电气系统主要包括：电气控制柜、PLC 控制器、变频器、夹持工件检测器、HMI、赫优讯转换模块和按钮指示灯等。

5.1.1 工作站电气组成说明

1. 机器人

机器人采用新松 SR10C 工业机器人，主要负责抓取工件、去砂带机打磨、去抛光机抛光，以及将打磨抛光好的工件放置到指定托盘处，完成整个打磨抛光过程。

机器人控制柜的电源容量为 1.5 kVA，IP 等级为 IP54；机器人控制器为自主研发的控制系统；控制柜采用密封结构，并且内、外腔分开，保证重要元器件不与外界接触，提高整体设备的使用寿命；可以扩展加入丰富的应用软件包（弧焊、点焊、打磨、喷涂、上/下料、搬运码垛等）；有开放的机器人控制系统接口库，能支持二次开发功能；急停输入采用独立双回路控制，并且安全等级能够达到 3 级、PLd 级；具有快速停止和急停的安全防碰撞功能；本地控制与远程控制有独立的选择开关；机器人控制器可支持 EtherCAT、CAN（CANOPEA/DEVICNET）、PROFINET、TCP/IP、RS-232、RS485 等通信方式，以实现机器人与不同控制系统的兼容性；系统可配至少 32I/32O、至少 8 路模拟量输入和 8 路模拟量输出；可扩展 PLC，实现系统无缝集成，支持 PROFIBUS、PRPFINET、CC-LINK 等现场总线；可以扩展，最多支持 6 个外部轴；具有缺项保护功能，能自动报警；支持连续轨迹、实时补偿、中断允许等功能。

2. 总控 PLC

PLC 为西门子 1200 系列，SIMATIC S7-1200 小型可编程控制器充分满足中小型自动化的系统需求。在研发过程中充分考虑了系统、控制器、人机界面和软件的无缝整合和高效协调的需求。本系统 PLC 负责整个系统的总体调控，完成机器人与其他外部设备的配合。PLC 还负责用户参数的设定及保存，通过触摸屏界面完成人机交互。

3. 变频器

变频器为西门子 G120 系列，用来控制砂带机与抛光机的运行/停止，通过接触器的切换，在上/下砂带机与上/下抛光机之间进行交替运行。通过变频器反馈的电流值，PLC 还可用来判断工件与抛光机接触的力度。

SINAMICS G120 是由多种不同功能单元组成的模块化变频器。构成变频器两个主要模块为：

（1）控制单元（CU）；

（2）功率模块（PM）。

控制单元可以通过不同的方式对功率模块和所接的电机进行控制和监控。它支持与本地或中央控制的通信并且支持通过监控设备和输入/输出端子的直接控制。功率模块可以驱动电机的功率范围为 0.37～250 kW（0.5 h～400 hp）。功率模块由控制单元里的微处理器进行控制。高性能 IGBT 及电机电压脉宽调制技术和可选择的脉宽调制频率的采用，使电机运行极为灵活可靠。多方面的保护功能可以为功率模块和电机提供更高级的保护。

4. 协议转换模块

协议转换模块为德国赫优讯模块，用作 PLC 与机器人之间通信的桥梁，将 PLC 的 PROFINET 协议与机器人的 DEVICENET 协议进行转换，使机器人与 PLC 之间正常通信。其模块特点是能够简便有效地实现两种工业通信协议的转换。其为简单的串行通信、传统的现场总线以及众多的实时以太网协议，提供了一个共同的平台，用以进行任何两种工业自动化通信协议的透明转换。对于那些已经使用现场总线进行了通信系统升级，或准备采用实时以太网进行系统现代化改造的工厂，其都能帮助构建起新、旧通信技术间的桥梁，使用户不需更换既有的、已经被验证的现场设备。

5. 其他

其他低压电气元件包括按钮、指示灯、塔灯、断路器、接触器等。

5.1.2 电气图纸说明

1. 电气制图标准

电气制图应严格按照相关国家标准执行，参考图书如下：

（1）《电气简图用图形符号国家标准汇编》；

（2）《GB/T 4728—2005 电气简用图形符号》；

（3）《GB 5094—1985 电气技术中的项目代号》；

（4）《GB 6988.2—1986 电气制图一般规则》；

（5）《GB 6988.1—2008 电气技术用文件的编制》；

（6）《GB 6988.2—1997 电气技术用文件的编制：功能性简图》；

（7）《GB 6988.3—1997 电气技术用文件的编制：接线图和接线表》；

（8）《GB 4026—2004 电气技术用文件的编制：人机界面标志的基本方法和安全规则设备端子和特定导体终端标识及字母数字系统的应用通则》。

2. 电气制图软件

电气制图软件采用 EPLAN 2.1 及以上版本。

3. 电气图纸

（1）图 5-1 所示为总体布局，展示了各个部分的整体布局及相对位置，读者可直观地了解布局。

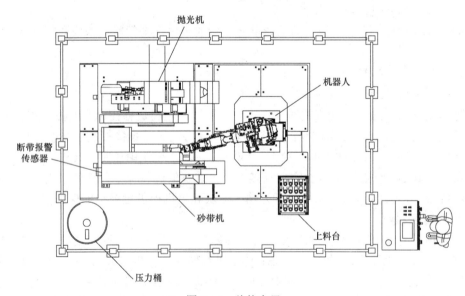

图 5-1　总体布局

（2）图 5-2 所示是整个主控柜与外部设备的接线情况，提供设备或装置不同结构单元之间连接所需信息，并且标注了每一条线的线径和规格。

（3）图 5-3 所示为主控柜的外部结构，包括触摸屏、按钮、塔灯以及空开。

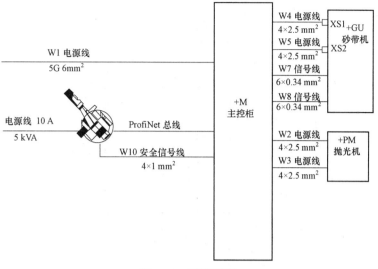

图 5-2　系统互联

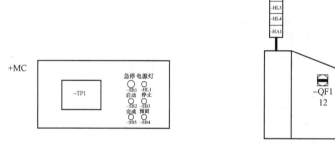

图 5-3　画板布局

（4）图 5-4 所示为控制柜内部安装板的实际布局，安装板分前、后面板，前面板主要是 PLC 等低压元器件，后面板安装两个变频器。

前面板

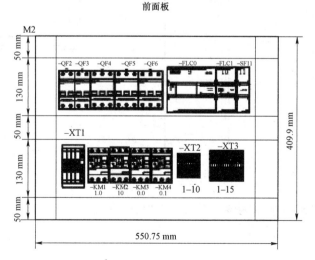

图 5-4　内部布局

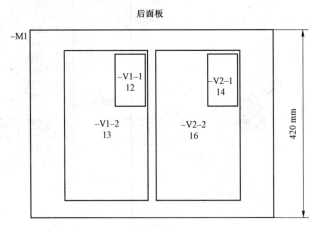

图 5-4　内部布局（续）

（5）图 5-5 所示为整个系统的网络连接情况。

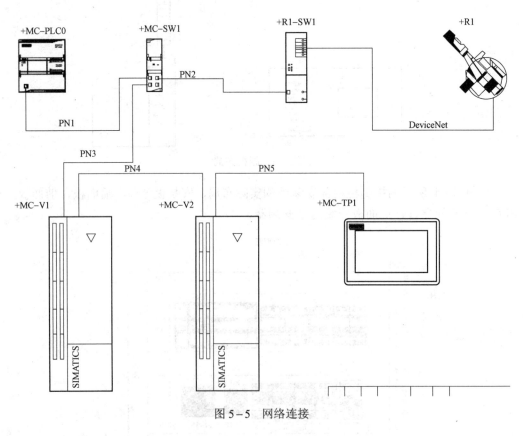

图 5-5　网络连接

（6）图 5-6、图 5-7 所示为整个系统的主电路的原理。

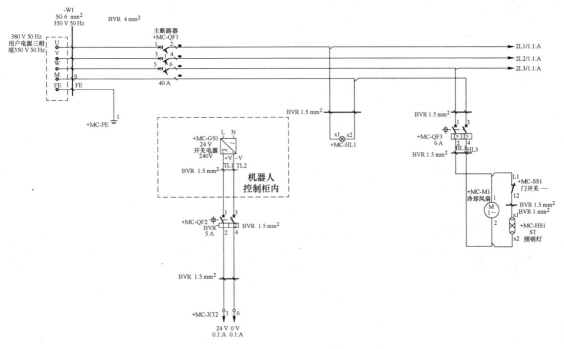

图 5-6　主电路原理图 1

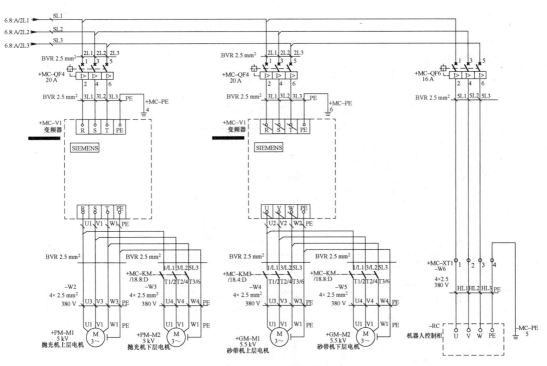

图 5-7　主电路原理图 2

（7）图 5-8～图 5-11 所示为 PLC 输入端的接线情况。

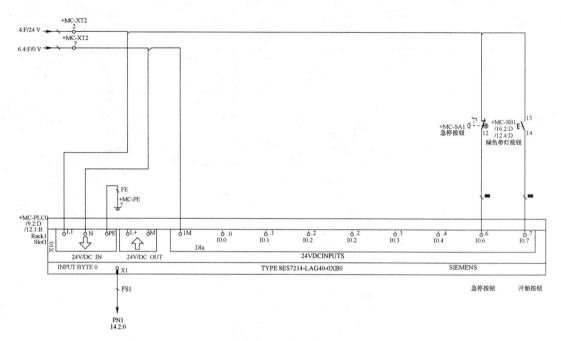

图 5-8　PLC 输入端 1

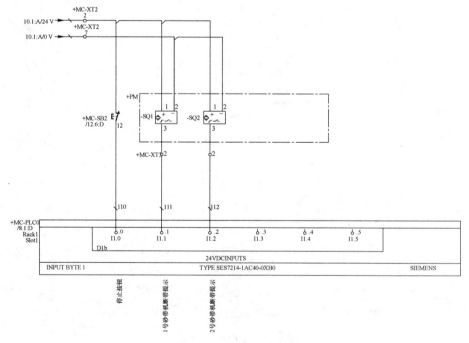

图 5-9　PLC 输入端 2

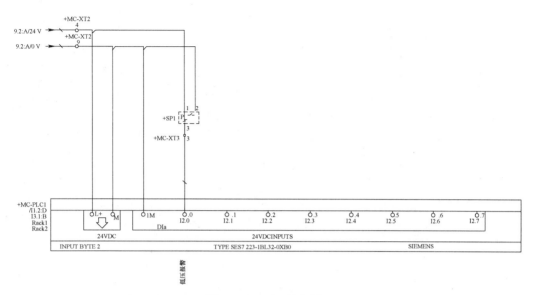

图 5-10　PLC 输入端 3

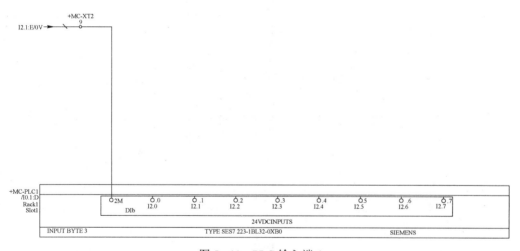

图 5-11　PLC 输入端 4

（8）图 5-12 和图 5-13 所示为系统 PLC 输出端的接线情况。

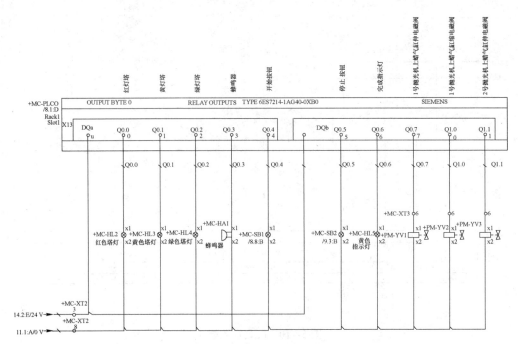

图 5-12　PLC 输出端 1

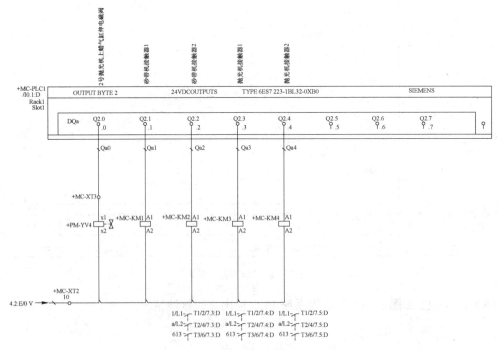

图 5-13　PLC 输出端 2

（9）图 5-14 所示为触摸屏交换机的接线情况。

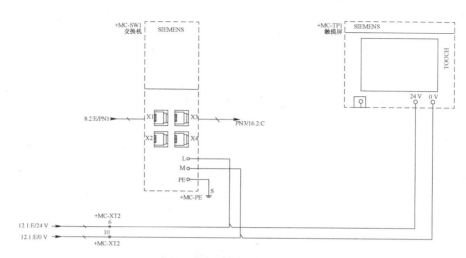

图 5-14　触摸屏交换机接线

（10）图 5-15 所示为机器人内部的接线情况。

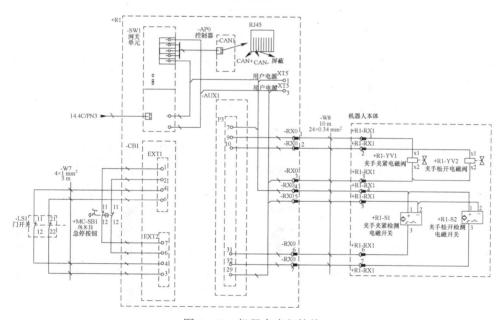

图 5-15　机器人内部接线

5.1.3　电气接线说明

1. 接线前准备

在电气正式接线之前，应该熟悉电气图纸，熟悉整个工作单元。工作单元包括机器人、机器人的工作区域、所有外部设备以及需要与机器人产生关系的其他工作单元所占的区域。了解可控制机器人运动的开关、传感器以及控制信号的位置。保证切断压缩空气源，解除空气压力。保证控制柜电源处于切断状态。

2．接线说明

根据电气原理图明细表领取电气装配的所有组件（包括电气控制柜），电装工人按照布局图纸，进行电气组件的固定安装，在固定电气组件前，经设计者确定组件安装位置无误后方可继续安装。配线工人按照工艺接线表和电气图纸进行配线，对于工艺上有特殊要求的产品，设计者需在图纸中注明或将要求附在图纸后面，以保证产品的一致性。电装检验员检验后，设计者必须严格按照电气图纸查线，确保配线与电气图纸一致，若发现有不一致处，应立即通知配线人整改，并告知相关负责人。在上电过程中，将电气控制柜内的所有断路器开关断开，接通外部电源，用电压表测量空气开关进线端电压，检查电压是否缺相及电压幅值。确认电源进线无误后，合上电气控制柜的总空气开关，然后依次逐个接通断路器，每接通一路断路器，经核实无误后，再接通下一路断路器。所有断路器接通完毕，确认动力回路无误后，逐项测试控制电路。

5.2　伺服电机调速

5.2.1　软件介绍

PLC 编程软件为 TIA PROTAL V13.SP1，该软件提供了一个用户友好的环境，供用户开发、编辑和监视控制应用所需的逻辑，其中包括用于管理和组态项目中所有设备（例如控制器和 HMI 等设备）的工具。为了帮助用户查找需要的信息，该软件还提供了内容丰富的在线帮助系统。

该软件提供了标准编程语言，用于方便高效地开发适合用户具体应用的控制程序：

（1）LAD（梯形图逻辑）是一种图形编程语言，它使用基于电路图的表示法。

（2）FBD（功能块图）是基于布尔代数中使用的图形逻辑符号的编程语言。

（3）SCL（结构化控制语言）是一种基于文本的高级编程语言。

创建代码块时，应选择该块要使用的编程语言。用户程序可以使用由任意或所有编程语言创建的代码块。STEP 7 是 TIA PORTAL 中的编程和组态软件。除了包括 STEP 7 外，TIA PORTAL 中还包括设计和执行运行过程可视化的 WinCC，以及 WinCC 以及 STEP 7 的在线帮助。

5.2.2　程序说明

1．系统组态

在设备与网络里面，图 5-16 展示了整个打磨系统的网络视图。网络中包含 PLC、触摸屏、两个变频器以及与机器人进行协议转换的赫优讯模块。每个设备必须在同一网段，并且使用唯一的 IP 地址进行标识。如图 5-17 所示，PLC 作为整套系统的中枢，负责打磨单元的整体协调工作。触摸屏为人机交互界面，直接供操作者使用，触摸屏可监控系统的 IO 信号交互过程，可输入打磨用户参数，可手动对单机进行动作。变频器控制砂带机与抛光机运转，并实时监控设备的运转情况。赫优讯模块（NT50ENPNS）为 PLC 与机器人通信提供了连接桥梁。

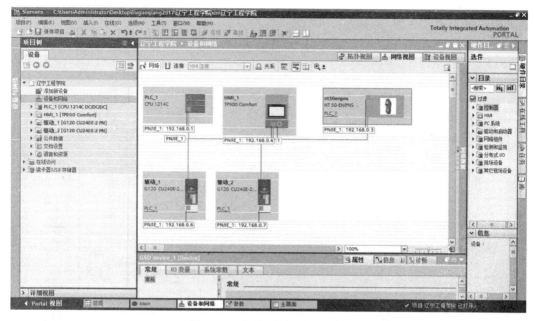

图 5-16　打磨系统的网络视图

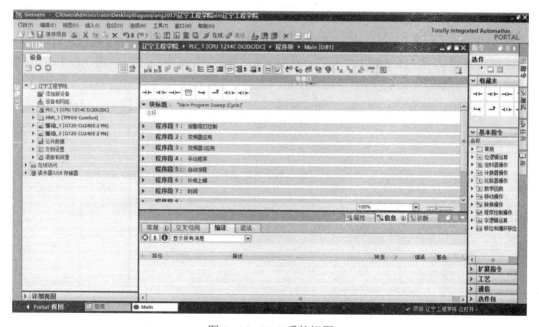

图 5-17　PLC 系统视图

2. PLC 程序部分

PLC 程序部分包括主程序（Main）、函数（报警塔灯按钮控制）、函数（变频器 1 报文模块）、函数（变频器 1 应用模块）、函数（变频器 2 报文模块）、函数（变频器 2 应用模块）、函数（补偿上蜡）、函数（手动程序模块）、函数（自动流程）、函数块（机器人）、数据块（变频器 1 参数）、数据块（变频器 2 参数）、数据块（机器人_DB_3）、数据块（计数时间）、数据块（抛光机数据）、数据块（砂带机数据）。

主程序部分为 PLC 实时扫描部分，可直接调用其他函数，如图 5-18 所示。

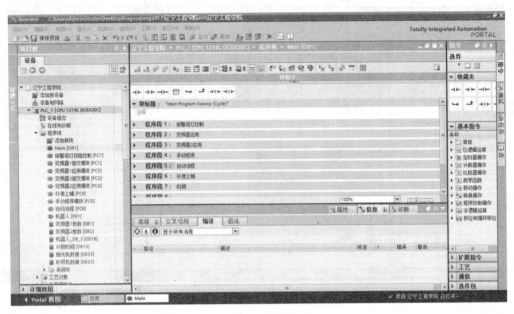

图 5-18　PLC 实时扫描部分

如图 5-19 所示，变频器报文模块定义了 PLC 与变频器交互的过程数据。SINAMICS G120 第二代控制单元 CU240E-2 PN 支持基于 PROFINET 的周期过程数据交换和变频器参数访问。通过周期过程数据交换，PROFINET 主站可将控制字和主设定值等过程数据周期性地发送至变频器，并从变频器周期性地读取状态字和实际转速等过程数据。G120 最多可以接收和发送 8 个过程数据。该通信使用周期性通信的 PZD 通道（过程数据区），变频器不同的报文类型定义了不同数量的过程数据（PZD）。

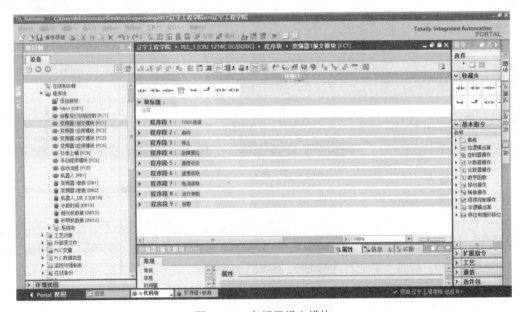

图 5-19　变频器报文模块

如图 5-20 所示，变频器应用模块为变频器实际应用的接口，在整个打磨系统中，它配合机器人等其他外围设备联合运动。

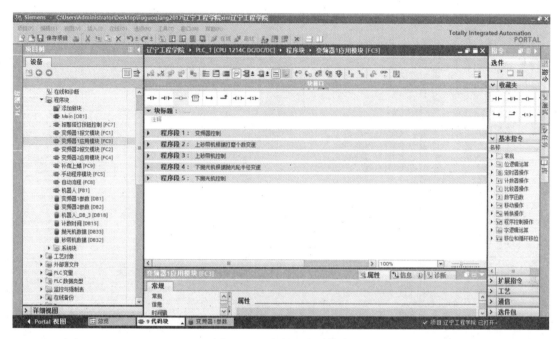

图 5-20　变频器应用模块

如图 5-21 所示，补偿上蜡模式根据抛光轮在使用过程中的减小，使机器人抓取工件自动补偿，并且根据使用情况对抛光轮进行喷蜡。

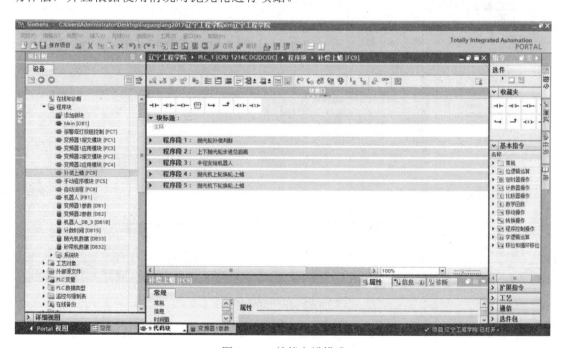

图 5-21　补偿上蜡模式

图 5-22 所示为手动程序模块，它是在手动模式下对系统进行操作的程序。图 5-23 所示为自动程序模块，它是在自动模式下对系统进行操作的程序。

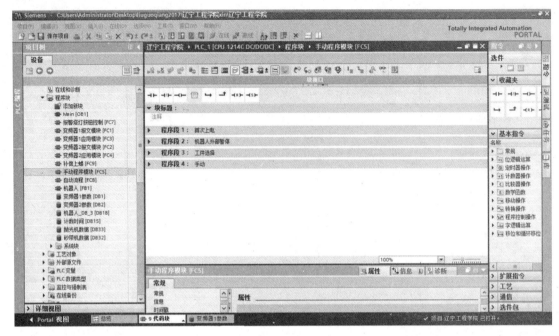

图 5-22　手动程序模块

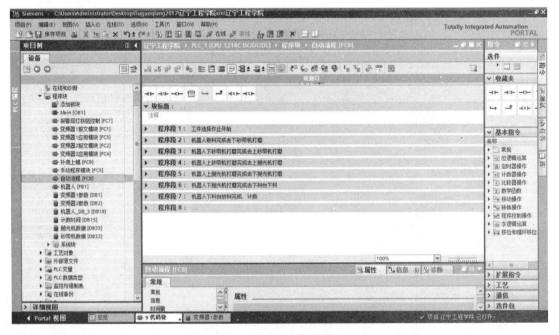

图 5-23　自动程序模块

机器人外部控制如图 5-24 所示，通过 PLC 启动/暂停机器人，并且接收从机器人反馈回来的 IO 信号。

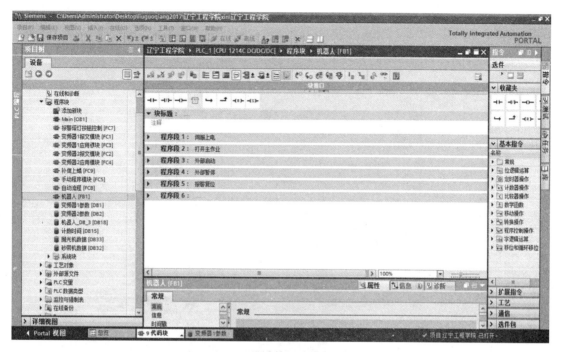

图 5-24　机器人外部控制

图 5-25～图 5-28 为系统组成部分的各个参数。

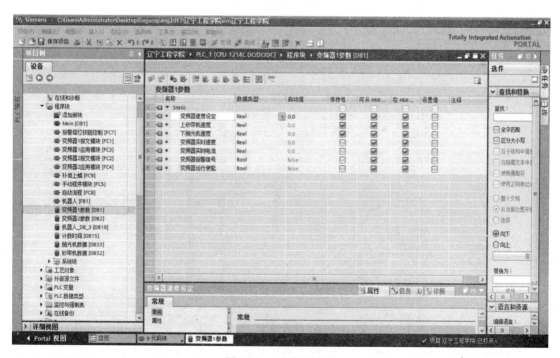

图 5-25　变频器参数

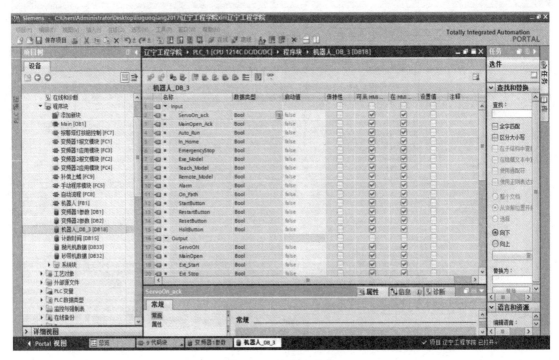

图 5-26　机器人参数

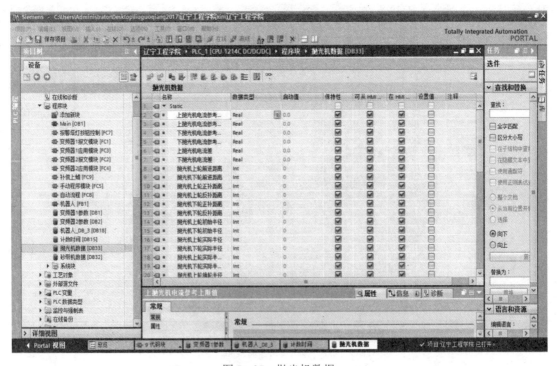

图 5-27　抛光机数据

图 5-28　砂轮机数据

3. 触摸屏部分

图 5-29 所示为触摸屏部分中编辑触摸屏的画面。

图 5-29　触摸屏参数

4. 变频器部分

图 5-30 所示为变频器部分中设置变频器的运动控制参数、电机参数、驱动参数、开闭环控制方式等的界面。

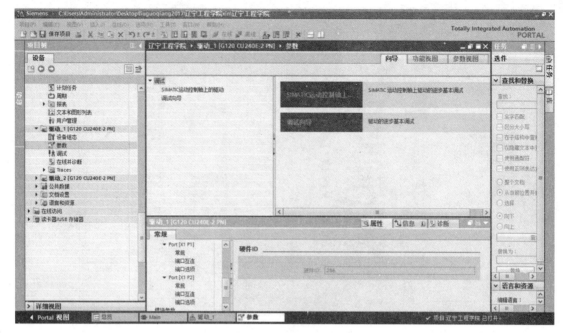

图 5-30　变频器参数

5.2.3　触摸屏操作

1. 系统上电操作

首次上电前，检查供电电压是否达到 380 V（5%范围允许）、相序是否正确。如果供电正常，可接通控制柜侧面的红色负荷开关，然后开启机器人电源。在启动 PLC 前先检查系统内部各处线体与机器人线路连接是否正常。

2. 主控按钮说明

本系统分为自动模式与手动模式。在自动模式下，操作台启动按钮和停止按钮才起作用，用来启动和停止打磨抛光单元的自动抓料、打磨、抛光等自动流程。当按钮被按下时，系统执行该动作，则相应按钮指示灯亮起。黄色指示灯为完成指示灯，当料盘里面物料打磨完成时，指示灯提示工人更换料盘。急停按钮被按下时，砂带机和抛光机立即停止，报警界面报警，向右旋转急停按钮可解除急停。

3. 主控塔灯指示说明

（1）系统处于自动运行状态下，且无报警，绿色塔灯亮起；

（2）系统处于手动模式下，且无报警，黄色塔灯亮起；

（3）系统处于故障或者报警状态下，红色塔灯亮起。

4. 触摸屏操作说明

系统包含一台西门子 TP900 触摸屏作为 PLC 的人机交互界面，通过触摸屏可以实现系统的模式切换、工件选择、参数设置与监视功能。

（1）图 5-31 所示为开机后出现的第一个界面，该界面展示系统的整体布局，右侧为按钮菜单。

图 5-31　开机界面

（2）图 5-32 所示是机器人界面。机器人界面展示了机器人控制系统与 PLC 之间的信号交互状态，可根据信号的状态进行故障判断与工作流程监控。

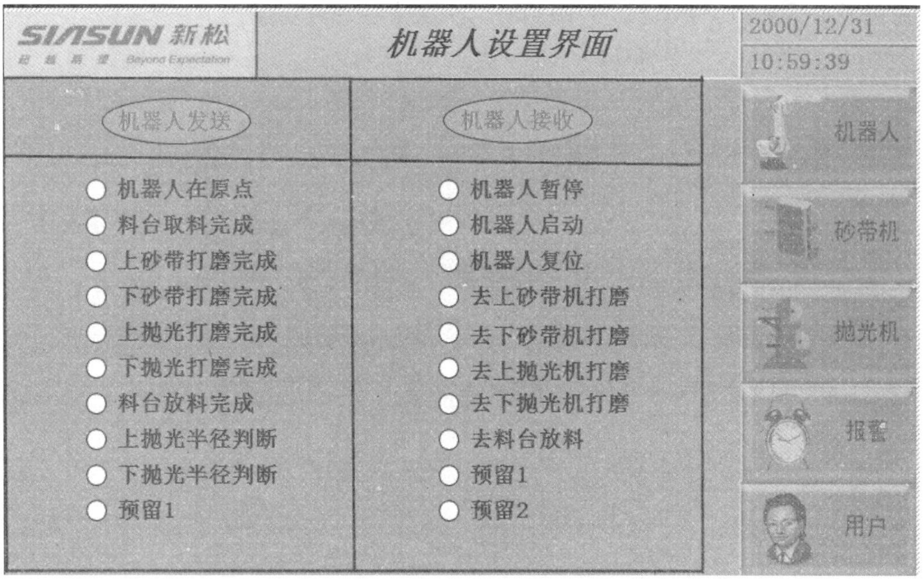

图 5-32　机器人界面

（3）图 5-33 所示是抛光机界面。在手动模式下，在速度设定框给定转速，按下绿色三角按钮，抛光机以设定速度旋转，按下红色暂停按钮，抛光机停止。参数监控窗口显示抛光机运行的实时转速与电流反馈值。

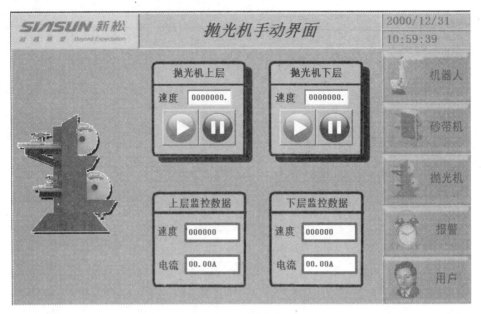

图 5-33　抛光机界面

（4）图 5-34 所示是砂带机界面。砂带机界面的操作同抛光机类似。

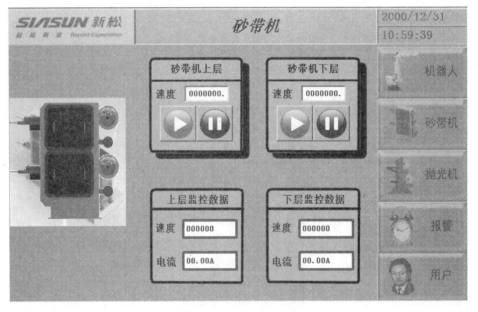

图 5-34　砂带机界面

（5）图 5-35 所示是报警界面。报警界面显示系统产生的各种报警，发生报警时，红色塔灯亮起，界面提示发生报警的原因以及产生时间。当报警消除后，按下复位按钮复位故障。

图 5-35　报警界面

（6）图 5-36 所示是用户设置界面。

图 5-36　用户设置界面

① 图 5-37 所示为砂带机参数设置界面。在砂带使用过程中，砂砾逐渐变小，为了达到打磨效果，随着砂砾的变小，砂带的转速要随之变快。根据打磨不同工件的工艺要求不同，参数设置也不尽相同，根据实际使用情况和用户经验自行设定。速度与打磨工件书相对应。

② 图 5-38 所示为抛光机参数设置界面。在抛光机参数设置界面，初始半径为新抛光轮的实际半径，初始速度为新抛光轮的起始速度，随着抛光轮在使用过程中半径的减小，抛光轮的速度会随之变快。在抛光轮减小的同时，机器人抓取工件在抛光时，接触抛光轮面的力量会减小，导致抛光效果不理想。PLC 根据抛光机电流的反馈值进行补偿，电流小于设置下限，说明接触力量变小，机器人沿着抛光轮半径方向正补；电流大于设置上限，说明接触力量过大，机器人沿着抛光轮半径方向反补。每次补偿的距离为触摸屏设定值。当抛光轮磨损到一定范围时，需要更换抛光轮，更换完抛光轮后需要对抛光参数进行初始化操作。

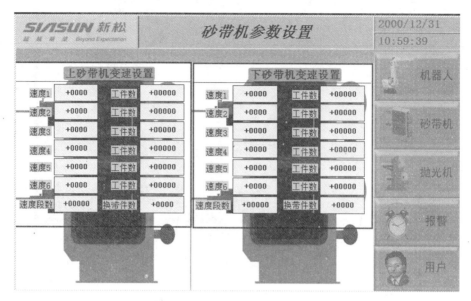

图 5-37　砂带机参数设置界面

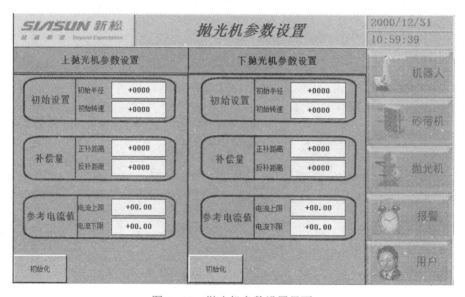

图 5-38　抛光机参数设置界面

③ 图 5-39 所示为产品计数界面，其为用户提供每种打磨工件示教打磨数量，选择工件种类后面的"清零"选项，会将当前工件数清零。

④ 图 5-40 所示为电流趋势图界面，其显示电机的实时电流波形图，用户可直观地观察打磨过程中电流的实时变化，该变化有助于用户设定抛光机的电流上、下限以及补偿距离。

5.2.4　PLC 与机器人接口

1. 通信协议

采用 DEVICENET 总线通信方式，协议总长度为 32 字节。

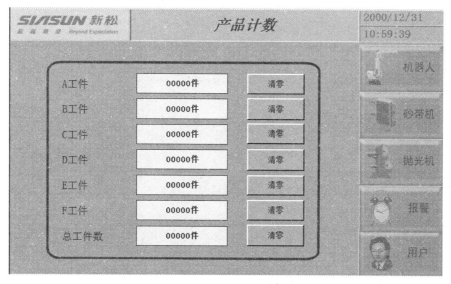

图 5－39　产品计数界面

图 5－40　电流趋势图界面

I/O 占 10 字节，用户自己定义使用。

补偿数据总长度为 16 字节，数据内容为当前半径数值，占用 2 个字节。

配置支持 8 个文件号，总共长度为 16 个字节。

注：半径数据包含 1 位小数位。

例子：DIN8 为文件号 1 的半径数据，数值为 1 144，二进制表示为 0000 0100 0111 1000。

2. 通信配置

主要配置 DEVICENET 机器人主站与外部从站的通信参数，如波特率、通信数据长度等。通信配置参数如图 5－41 所示。

注：UCMM、Group2 为国际标准连接。Group3 为非标连接，通信数据头额外多出 1 字节数据，用于验证连接。连接方式的选择具体参考模块说明。

101

```
┌─────────────────────────────────────────────────┐
│  DEVICENET 从站配置           文件号：1            │
│                                                   │
│  使能状态        ON        MAC_ID        1        │
│  波特率          125       触发方式      轮询       │
│  连接方式        Group2     连接状态      ON        │
│  输入长度        32        输出长度       32        │
│  >                                                │
│  下一个    上一个                  <-退格->    退    │
└─────────────────────────────────────────────────┘
```

图 5-41　通信配置参数

3. 总线 I/O 配置

主要将 DEVICENET 通信数据映射到机器人本地用户 I/O。总线 I/O 配置如图 5-42 所示。

```
┌─────────────────────────────────────────────────┐
│  总线I/O配置：DEVICENET                            │
│   序号    总线ID    总线I/O    本地I/O    长度      │
│   01       1        0         2         16        │
│   02       0        0         0         0         │
│   03       0        0         0         0         │
│   04       0        0         0         0         │
│  >                                                │
│                          <-退格->      退出         │
└─────────────────────────────────────────────────┘
```

图 5-42　总线 I/O 配置

4. 补偿文件配置

主要设置抛光轮补偿的相关参数，初始需要给定的参数有：参考坐标系、轴偏移 Y、初始半径（选填）。其中，旋转角度、当前轴偏 Y1、当前半径 Z1、压力量 P 只作显示，其数值会在运行抛光指令后自动赋值。补偿文件配置参数如图 5-43 所示。

图 5-43　补偿文件配置参数

5. 偏移限制配置

偏移限制配置如图 5-44 所示。

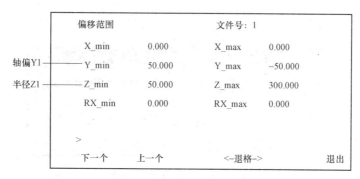

图 5-44　偏移限制配置

6. 赫优讯网关配置

1）网关简介

现以 NT50-DN-EN 实现 DEVICENET 从站与 PROFINET 从站转换为例，介绍德国赫优讯 NT50 系列网关的使用步骤。

通过下载不同协议堆栈，NT50-DN-EN 能够实现不同的协议转换，主要有：

（1）DEVICENET 从站与 Modbus/TCP Server or Client 协议转换；

（2）DEVICENET 从站与 Ethernet/IP Adapter 协议转换；

（3）DEVICENET 从站与 Ethernet/IP Scanner（可连一个 Adapter）；

（4）DEVICENET 从站与 PROFINET IO Device 协议转换；

（5）DEVICENET 从站与 PROFINET IO Controller（可连一个 Device）；

（6）DEVICENET 主站（可连一个从站）与 Modbus/TCP Server or Client；

（7）DEVICENET 主站（可连一个从站）与 Ethernet/IP Adapter 协议转换；

（8）DEVICENET 主站（可连一个从站）与 PROFINET IO Device 协议转换。

2）软件安装

（1）在光驱中放入产品光盘，自动弹出安装对话框；或手动打开光盘根目录，双击"Gateway_Solutions.exe"文件，打开安装界面。如图 5-45 所示，单击"SYCON.net Configuration and Diagnostic Tool Installation"按钮，开始安装"SYCON.net"配置软件。

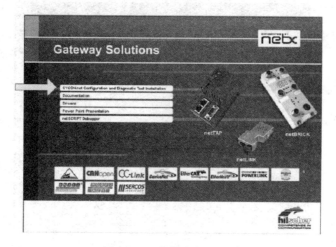

图 5-45　软件安装界面 1

（2）弹出语言选择对话框，如图 5-46 所示，选择英语，单击"OK"按钮。

图 5-46　软件安装界面 2

（3）如图 5-47 所示，单击"Next"按钮，进行下一步安装。

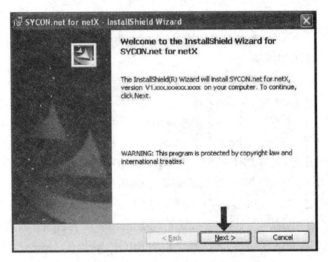

图 5-47　软件安装界面 3

（4）如图 5-48 所示，选择"I read the information"选项，单击"Next"按钮，进行下一步安装。

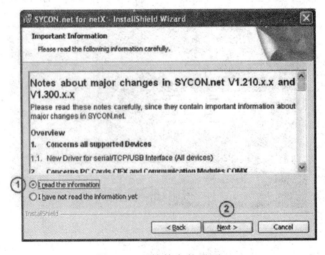

图 5-48　软件安装界面 4

（5）选择"I accept the terms in the license agreement"选项如图 5-49 所示，单击"Next"按钮，进行下一步安装。

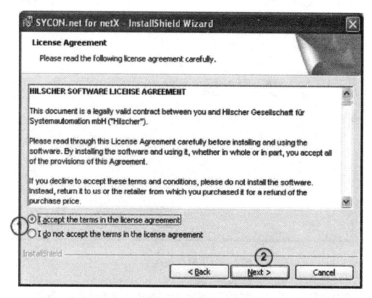

图 5-49　软件安装界面 5

（6）填写用户名、公司名及软件使用者，如图 5-50 所示，单击"Next"按钮，进行下一步安装。

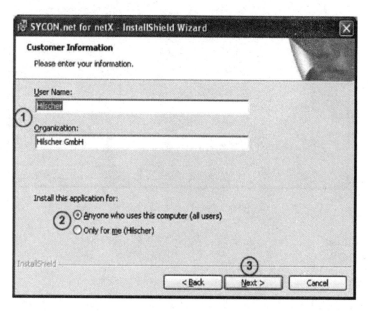

图 5-50　软件安装界面 6

（7）选择"Complete"选项如图 5-51 所示，单击"Next"按钮，进行下一步安装。

（8）单击"Install"按钮，如图 5-52 所示，开始安装。

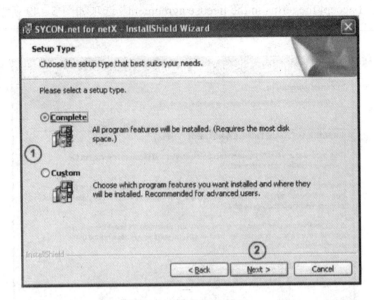

图 5-51 软件安装界面 7

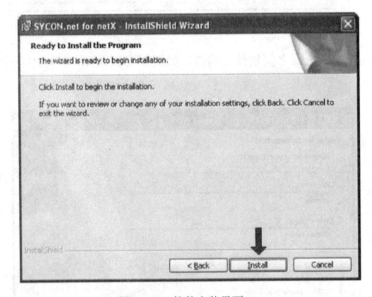

图 5-52 软件安装界面 8

（9）单击"Finish"按钮，完成安装，如图 5-53 所示。

7. 网关配置

1）地址设置

网关的默认 IP 为 0.0.0.0，进行通信前首先要通过 Ethernet Device Setup 软件手动设置一个临时 IP 地址，这样才能通过 SYCON.net 寻找到该 NT50 网关，并下载固件及配置文件。

（1）打开 Ethernet Device Setup 软件，如图 5-54 所示。

（2）单击"Search Devices"按钮，如图 5-55 所示，显示已经找到的网关。

图 5－53 软件安装界面 9

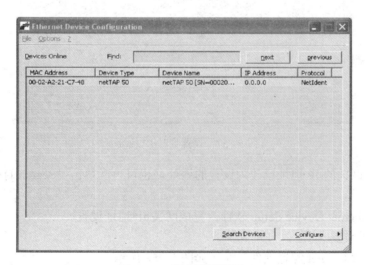

图 5－54 网关配置界面 1

图 5－55 网关配置界面 2

（3）单击"Configure"按钮，选择"Set IP Address"选项，弹出设置 IP 地址对话框，如图 5-56 所示。

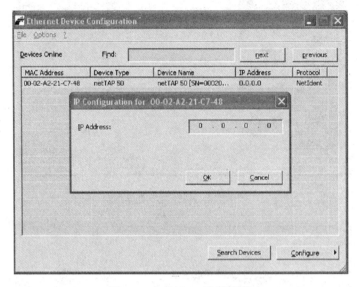

图 5-56 设置 IP 地址界面

（4）在此对话框中设置网关的临时 IP 地址，如图 5-57 所示，完成后单击"OK"按钮。

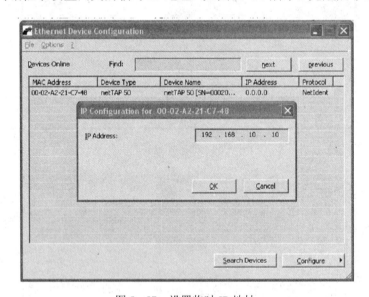

图 5-57 设置临时 IP 地址

（5）此时，网关的 IP 地址已改为设置的地址，也可再次单击"Search Devices"按钮进行检查。

（6）关闭 Ethernet Device Setup 软件，完成网关 IP 地址设置。

2）网关参数设置

（1）打开 SYCON.net 配置软件界面，如图 5-58 所示。

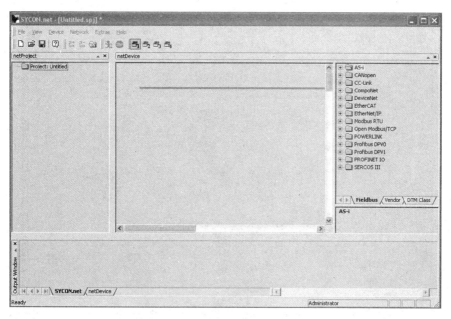

图 5-58　配置软件界面

（2）在配置软件界面右侧选择"Fieldbus"栏，将"Modbus RTU"（或"DeviceNet"）"Gateway / Stand-Alone Slave"文件夹展开，将 NT50 图标拖放至界面中间的灰线处，如图 5-59 所示。

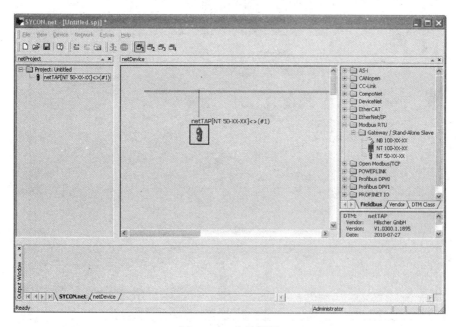

图 5-59　拖放图标

（3）双击该图标，弹出配置对话框，如图 5-60 所示，选择"netx Driver"栏中的"TCP Connection"选项卡，确保"Enable TCP Connector"已被勾选（勾选后需重启软件）。

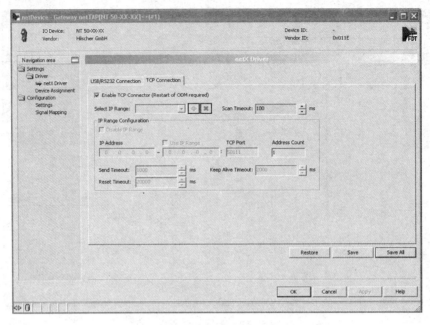

图 5-60 勾选选型

（4）单击蓝色加号，添加进行扫描的 IP 地址，如图 5-61 所示。如果仅连接了一个网关，可以设置一个确定的 IP 地址；在更多情况下连接了多个网关，此时可以设置一个 IP 网段，完成后单击"Save"按钮保存。

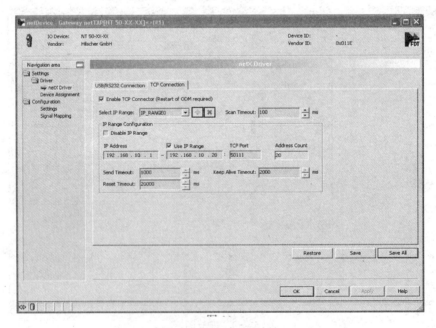

图 5-61 添加 IP 地址

（5）选择"Device Assignment"栏，单击"Scan"按钮，扫描到网关硬件，如图 5-62 所示。勾选该网关并单击"Apply"按钮保存。

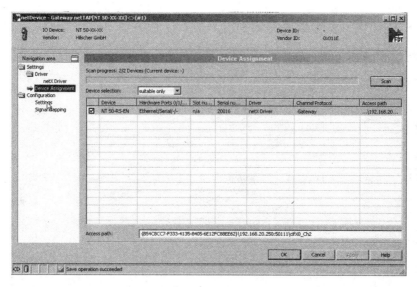

图 5 - 62　勾选网关

（6）选择"Settings"栏，Port X2 选择"DeviceNet Slave"协议，Port X3 选择"PROFINET IO Device"协议，如图 5 - 63 所示。在"Available Firmware"选区中选择对应的选项，单击右侧的"Download"按钮，下载对应的固件。固件下载完成后，勾选"Network Address Switch"中的"Enable"选项，这样 DeviceNet 设备的从站地址可以通过硬件上的拨码开关来设置，从站地址为拨码开关上圆形缺口中间对应的数字，此时单击"OK"按钮退出该对话框。

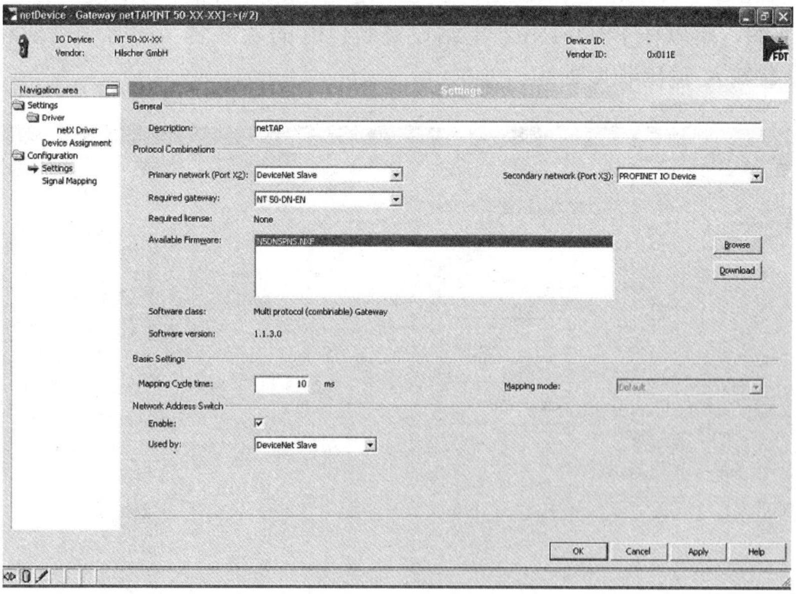

图 5 - 63　选择协议

（7）用鼠标右键单击网关图标，选择"Configuration"→"DEVICENET Slave"选项，弹出对话框，如图 5 - 64 所示，设置网关作为 DEVICENET 从站的参数，如：MAC ID（如果没有选择硬件设地址，可以在这里设置）、波特率、输入/输出字节等。

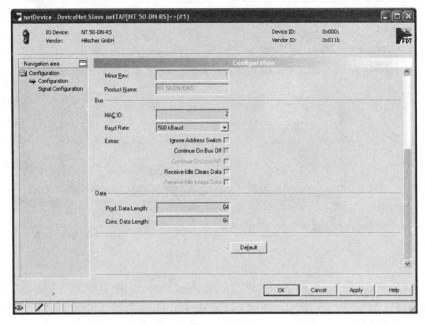

图 5-64　设置参数 1

（8）用鼠标右键单击网关图标，选择 "Configuration"→ "PROFINET IO Device"选项，弹出对话框，如图 5-65 所示，设置网关作为 PROFINET 从站的参数，勾选"Enable"选项，注意"Name of station"，PROFINET 主站是通过这个名字和从站建立连接，然后给从站分配 IP 地址的，所以在 PROFINET 主站设置 NT 50 的从站名字的时候需要和此处保持一致，另外，设置输入/输出长度即可。

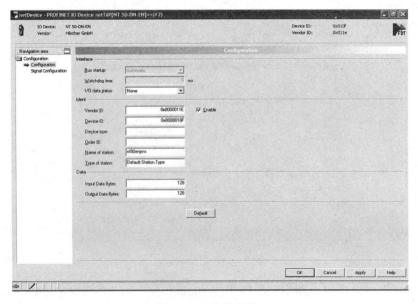

图 5-65　设置参数 2

（9）设置好 DEVICENET 和 PROFINET 两边的参数后，再次双击网关图标（或用鼠标右键单击网关图标，选择 "Configuration"→"Gateway"选项），弹出对话框，选择"Signal Mapping"选项，如图5-66所示，进行数据映射。

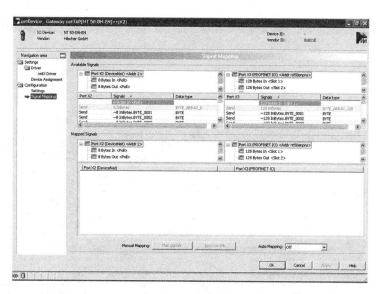

图5-66 数据映射

（10）数据映射的一般规则是把 Receive 的数据映射至 Send 的数据，Receive 的方向是网关上某一个接口接收数据，Send 的方向是网关上另一个接口发送数据。因此先选中"Port X2"中的"～8 InBytes.BYTE_0001"选项，然后选中"Port X3"中的"～128 OutBytes.BYTE_0001"选项，单击下方的"Map signals"按钮，如图5-67所示，完成一次数据映射。

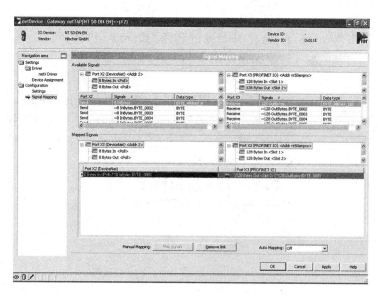

图5-67 完成数据映射

（11）可以通过 Ctrl 键或 Shift 键选中多个 Receive 数据，如图 5-68 所示。多选的时候，只有一个方向可以多选，如果一个方向没法多选，那么这个方向只要选择起始的那个字节即可，在另外一个方向按照需要映射的字节数进行多选。

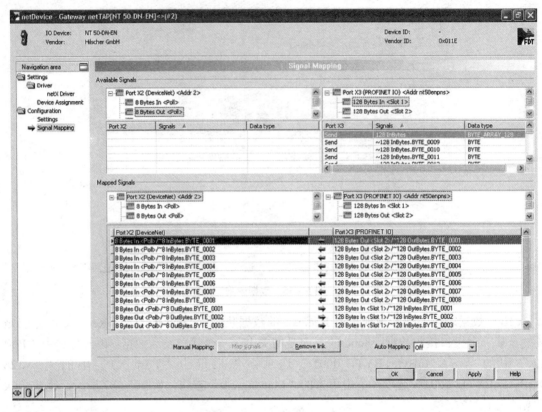

图 5-68　选中多个 Receive 数据

另外，还可以在"Auto Mapping"中，通过选择"From Port3 to Port2"选项并单击 Apply 按钮，来进行数据自动映射（注：如果采用自动映射功能，最好在两边的字节数相同的情况下使用）。

（12）至此，完成了网关的所有配置。用鼠标右键单击网关图标，选择"Download"选项将配置文件下载到网关中。根据所下载的固件和配置文件，网关就可以根据这些参数开始工作。

5.3　打磨编程实例

```
TRANS
0000    NOP
0001  OUT   OT#1=ON
0002  OUT   OT#2=OFF
```

打磨机器人调试

```
0003  001  MOVJ VJ=10
0004  002  MOVL VL=200.0
0005  003  MOVL VL=200.0
0006  OUT OT#1=ON
0007  OUT OT#2=OFF
0008  DELAY T=1.000
0009  004 MOVL VL=200.0
0010  L10
0011  005 MOVJ VJ=10
0012  OUT OT#43=ON
0013  006 MOVJ VJ=10
0014  OUT OT#43=OFF
0015  007 MOVL VL=200.0
0016  008 MOVL VL=200.0
0017  009 MOVL VL=200.0
0018  010 MOVL VL=200.0
0019  011 MOVL VL=200.0
0020  012 MOVL VL=200.0
0021  013 MOVL VL=200.0
0022  014 MOVL VL=200.0
0023  015 MOVL VL=200.0
0024  016 MOVL VL=200.0
0025  017 MOVL VL=200.0
0026  018 MOVL VL=200.0
0027  OUT OT#44=ON
0028  OUT OT#41=ON
0029  L01
0030  019 MOVJ VJ=10
0031  OUT OT#41=OFF
0032  OUT OT#44=OFF
0033  020 MOVJ VJ=10
0034  021 MOVL VL=200.0
0035  022 MOVL VL=200.0
0036  023 MOVL VL=200.0
0037  024 MOVL VL=200.0
0038  025 MOVL VL=200.0
0039  026 MOVL VL=200.0
0040  027 MOVL VL=200.0
0041  028 MOVL VL=200.0
```

```
0042  029 MOVL VL=200.0
0043  030 MOVL VL=200.0
0044  031MOVL VL=200.0
0045  032 MOVL VL=200.0
0046  033 MOVL VL=200.0
0047  034 MOVL VL=200.0
0048  035 MOVL VL=200.0
0049  036 MOVL VL=200.0
0050  037MOVL VL=200.0
0051  038 MOVL VL=200.0
0052  039 MOVL VL=200.0
0053  040 MOVL VL=200.0
0054  041 MOVL VL=200.0
0055  OUT  OT#42=ON
0056  OUT  OT#45=ON
0057  L02
0058  042 MOVL VJ=10
0059  OUT  OT#45=OFF
0060  OUT  OT#42=OFF
0061  043 MOVL VJ=10
0062  044 MOVL VL=200.0
0063  045 MOVL VL=200.0
0064  046 MOVL VL=200.0
0065  047 MOVL VL=200.0
0066  048 MOVL VL=200.0
0067  049 MOVL VL=200.0
0068  050 MOVL VL=200.0
0069  051 MOVL VL=200.0
0070  052 MOVL VL=200.0
0071  053 MOVL VL=200.0
0072  054 MOVL VL=200.0
0073  055 MOVL VL=200.0
0074  056 MOVL VL=200.0
0075  057 MOVL VL=200.0
0076  058 MOVL VL=200.0
0077  059 MOVL VL=200.0
0078  060 MOVL VL=200.0
0079  061 MOVL VL=200.0
0080  062 MOVL VL=200.0
```

0081　063 MOVL VL=200.0

0082　064 MOVL VL=200.0

0083　065 MOVL VL=200.0

0084　066 MOVL VL=200.0

0085　067 MOVL VL=200.0

0086　OUT　OT#46=ON

0087　OUT　OT#47=ON

0088　068 MOVL VL=200.0

0089　OUT　OT#47=OFF

0090　OUT　OT#46=OFF

0091　L03

0092　069 MOVL VJ=10

0093　070 MOVL VL=200.0

0094　071 MOVL VL=200.0

0095　072 MOVL VL=200.0

0096　073 MOVL VL=200.0

0097　074 MOVL VL=200.0

0098　075 MOVL VL=200.0

0099　076 MOVL VL=200.0

0100　077 MOVL VL=200.0

0101　078 MOVL VL=200.0

0102　079 MOVL VL=200.0

0103　080 MOVL VL=200.0

0104　081 MOVL VL=200.0

0105　082 MOVL VL=200.0

0106　083 MOVL VL=200.0

0107　084 MOVL VL=200.0

0108　085 MOVL VL=200.0

0109　086 MOVL VL=200.0

0110　087 MOVL VL=200.0

0111　088 MOVL VL=200.0

0112　089 MOVL VL=200.0

0113　090 MOVL VL=200.0

0114　091 MOVL VL=200.0

0115　092 MOVL VL=200.0

0116　093 MOVL VL=200.0

0117　094 MOVL VL=200.0

0118　095 MOVL VL=200.0

0119　096 MOVL VL=200.0

```
0120   L04
0121   097 MOVL VL=200.0
0122   OUT  OT#48=ON
0123   098 MOVL VL=200.0
0124   OUT  OT#48=OFF
0125   099 MOVL VJ=10
0125   GOTO L10
0127   END
```

电气与机械维护

（1）掌握工业机器人的维护安全；

（2）掌握工业机器人的电气维护方法；

（3）掌握工业机器人的机械维护方法。

6.1 维护安全

在维护过程中，操作人员的安全始终是最重要的。在保证现场人员安全的基础上，尽量保证设备安全运行。机器人工作过程中安全优先级别依次为：人员>外部设备>机器人>工具>加工件。

为了保证使用与维护机器人的过程中人员与设备的安全，需要采取以下安全措施，提高安全性。

6.1.1 生产前安全培训

所有操作、编程、维护以及以其他方式操作机器人系统的人员均应通过新松公司组织的课程培训，学习机器人系统的正确使用方法。未受过培训的人员不得操作机器人。

现场维护人员执行维护任务时需遵守以下规定：

不得戴手表、手镯、项链、领带等饰品与配件，也不得穿宽松的衣服，因为操作人员有被卷入运动的机器人之中的可能。长发人士应妥善处理头发后再进入工作区域。不要在机器人附近堆放杂物，保证机器人工作区域的整洁，使机器人处于安全的工作环境。明确机器人的工作区域，工作区域是由机器人的最大移动范围所决定的区域，包括安装在手腕上的外部工具以及工件所需的延伸区域。将所有控制器放在机器人工作区域之外。使用联动装置时，使机器人与流水线上的其他工作单元（如传输线等）联动，保证相关工作单元协同工作。确保所有外部装置均已得到了合格的过滤、接地、屏蔽和抑制处理，防止因电磁干扰（EMI）、射频干扰（RFI）以及静电释放（ESD）等原因导致机器人危险运动。在工作单元内提供足够的空间，允许人员对机器人进行示教，并安全地执行维护任务。在安全方面，不要视软件为可完全依赖的安全零部件。不要进入正在运行的机器人的工作区域，对机器人进行示教操作例外。

6.1.2　执行模式下的安全操作原则

负责机器人操作的相关人员需遵守下述原则：

熟悉整个工作单元。工作单元包括机器人、机器人的工作区域、所有外部设备以及需要与机器人产生关系的其他工作单元所占的区域。机器人的运动类型可以连续设定，因此其可能在不同运动类型间转换，机器人运动区域包括其所有运动类型所涉及的运动空间。在进入执行模式之前，了解机器人程序所要执行的全部任务。操作机器人之前，确保所有人员（除示教人员外）位于机器人工作区域之外。机器人在执行模式下运动时，不允许任何人员进入工作区域。了解可控制机器人运动的开关、传感器以及控制信号的位置和状态。熟知紧急停止按钮在机器人控制设备和外部控制设备上的位置，以应对紧急状态。机器人未运动时，可能是在等待输入信号，在未确定机器人是否完成程序所规定的任务之前，不得进入机器人工作区域。不要用身体制止机器人的运动。要想立刻停止机器人的运动，唯一的方法是按下控制面板、示教器或工作区外围紧急停止站上的紧急停止按钮。

6.1.3　检查期间的安全操作原则

检查机器人时，应确认如下事项：

关闭控制器处的电源。切断压缩空气源，解除空气压力。如果在检查电气回路时不需要机器人运动，应按下操作面板上的急停按钮。如果检查机器人运动或电气回路时需要电源，必须记住在紧急情况下按下急停按钮。

6.1.4　维护期间的安全操作原则

在机器人系统上执行维护操作时，应遵守下述原则：

当机器人或程序处于运行状态时，不要进入工作区域。进入工作区域之前，仔细观察工作单元，确保安全。进入工作区域之前，测试示教器的工作是否正常。如果需要在接通电源的情况下进入机器人工作区域，必须确保能完全控制机器人。在绝大多数情况下，在执行维护操作时应切断电源。打开控制器前面板或进入工作区域之前，应切断控制器的三相电源。移动伺服电机或制动装置时应注意，如果机器人臂未支撑好或因硬停机而中止，相关的机器人臂可能会落下。更换和安装零部件时，不要让灰尘或碎片进入系统。更换零部件时应使用指定的品牌与型号。为了防止对控制器中零部件的损害和火灾，不要使用未指定的保险丝。重新启动机器人之前，确保在工作区域内没有人员，确保机器人和所有的外部设备均正常工作。为维护任务提供恰当的照明。注意，所提供的照明不应产生新的危险因素。如果需要在检查期间操作机器人，应留意机器人的运动情况，并在必要时按下紧急停止按钮。电机、减速器、制动电阻等零部件在机器正常运行过程中会产生大量的热，存在烫伤风险。在这些零部件上工作时应穿戴防护装备。更换零部件后，务必使用螺纹紧固胶固定好螺丝。更换零部件或进行调整后，应按照下述步骤，测试机器人的运行情况：采用较低的速度，单步运行程序，至少运行一个完整的循环。采用较低的速度，连续运行程序，至少运行一个完整的循环。增加速度，路径有所变化。以 5%～10%的速度间隔，最大 99%速度运行程序。使用设定好的速度，连续运行程序，至少运行一个完整的循环。执行测试前，确保所有人员均位于工作区域外。维护完成后，清理机器人附近区域的杂物，清理油、水和碎片。

6.2　电气维护

机器人电气维护

6.2.1　电气维护安全注意事项

操作及维护人员应注意以下事项：

控制柜门应锁闭，只有具备资格的人才有钥匙打开柜门进行操作。打开控制柜门时需要佩戴防静电腕带。安装机器人时，为方便操作，建议将控制柜安装在围栏外，当进入围栏进行维护时，控制柜上应有维修警示标示，防止误操作导致人身伤害及设备损坏。有关电气的维护操作应该在控制柜电源关闭的情况下进行，如遇在上电时进行操作的特殊情况一定要按照手册操作，带电作业有可能造成人身伤害、设备损坏。控制柜上的按钮及开关操作必须具有操作资质（急停按钮除外），不清楚按钮含义而进行操作可能造成人身伤害及设备损坏。操作示教盒必须具有操作资质，对机器人不熟悉的人操作机器人可能造成人身伤害、设备损坏。

6.2.2　控制柜内部结构

SR6、SR10 系列轻载机器人控制柜内元器件的位置如图 6−1 所示。

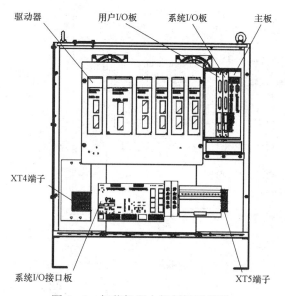

图 6−1　轻载机器人控制柜正视图

其中 SR10C-E 型号机器人内部布局有所区别，如图 6-2 所示。

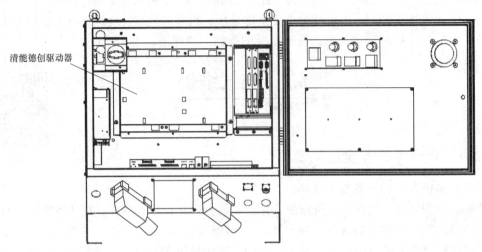

清能德创驱动器

图 6-2　SR10C-E 型号机器人内部布局的区别

SR10AL、SR20、SR35、SR50、SR80、SR120、SR165、SR210 系列轻载机器人控制柜背面布局如图 6-3 所示，次轻载及以上机器人控制柜正视图如图 6-4 所示，控制柜左侧面板如图 6-5 所示，控制柜右侧面板如图 6-6 所示，控制柜后面板如图 6-7 所示。

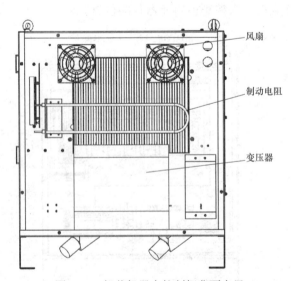

风扇

制动电阻

变压器

图 6-3　轻载机器人控制柜背面布局

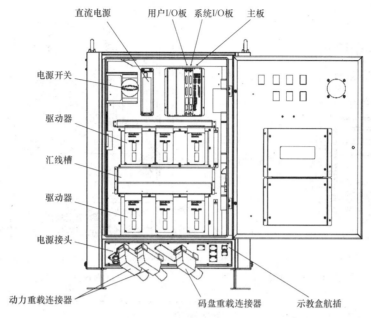

直流电源　用户I/O板　系统I/O板　主板

电源开关

驱动器

汇线槽

驱动器

电源接头

动力重载连接器　　　　码盘重载连接器　　　示教盒航插

图 6-4　次轻载及以上机器人控制柜正视图

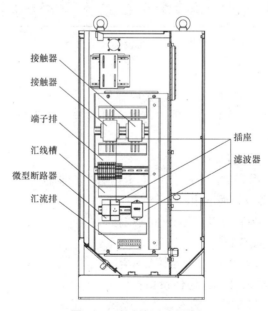

接触器

接触器

端子排

汇线槽

微型断路器

汇流排

插座

滤波器

图 6-5　控制柜左侧面板

6.2.3　元器件介绍

主板（AP0）采用新松公司自主研发的机器人控制器。主板上的接口如图 6-8 所示。

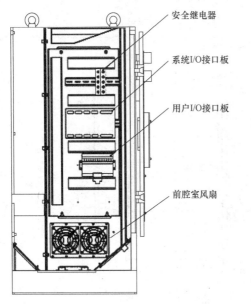

图 6-6　控制柜右侧面板　　　　　　图 6-7　控制柜后面板

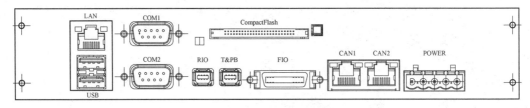

图 6-8　主板接口示意

各接口功能如下：

（1）LAN：EtherCAT 通信接口，机器人内部使用；

（2）USB：提供 2 路 USB 接口，用户可以通过该接口使用 U 盘进行机器人作业、参数等的备份工作；

（3）COM1、2：串口通信接口；

（4）CompactFlash：用来插入 CF 卡，CF 卡内有主控制程序——RC 程序，CF 卡可以通过按压该口右下角的方形按钮而取出；

（5）RIO：网口，转接后可以作为外部网线接口；

（6）T&PB：示教盒接口；

（7）FIO：前 I/O 接口，可以用来连接显示器；

（8）CAN1、2：机器人内 Can 通信接口；

（9）POWER：提供 24 V 电源输入，为主板供电端口：

① 系统 I/O 板（AP1）：系统内部使用的 I/O 的控制板卡，与系统 I/O 接口板（CB1 板）相连接；

② 用户 I/O 板（AP2）：提供给用户使用的 I/O 的控制板卡，与用户 I/O 接口板相连接。

直流电源接线如图 6-9 所示。

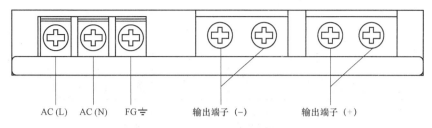

图 6-9　直流电源接线

输入端 L、N 分别接 220 V 交流电压。

输出端：（1）直流 V+：24 V；（2）直流 V-：0 V；（3）最大输出功率：336 W；（4）最大电流：14 A。当发生峰值负载时电源可能会发出声响。接地端务必连接 PE。

注：直流电源 G1 分别给系统板卡和系统 I/O 板提供直流 24 V/0 V 电源，需要较高的稳定性。因此，用户不得擅自将直流电源提供给机器人控制柜以外的设备，以防止因过载和短路对机器人控制器造成损坏。

用户电源安装在机器人控制柜的柜门上，如图 6-10 所示。

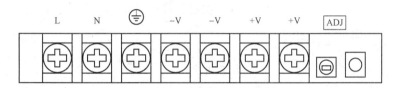

图 6-10　用户直流电源

用户电源的具体参数如表 6-1 所示（电源型号：S8JC-Z15024C-801）。

表 6-1　用户电源的参数

参数名称		参数值
功率		150 W
输出	输出电压（VDC）	24 V
	输出电流	6.5 A
	电压调节范围（典型值）	-10%～10%
	波动（典型值）	150 mV
	启动时间（典型值）	300 ms
	保持时间（典型值）	50 ms
效率（典型值）		88%
输入	电压	200 V～240 V AC
	频率	50/60 Hz
	电流	2 A
	漏电流	1 mA 以下

续表

参数名称		参数值
输入	浪涌电流（25 ℃）（典型值）	40 A
运行环境温度		−10 ℃～60 ℃

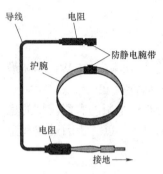

图 6−11 防静电腕带示意

用户电源作用：为用户 I/O 板 1 和 2（标配只有用户 I/O 板 1、用户 I/O 板 2 为可扩展用户 I/O）提供电源；为用户输入/输出提供 COM 端。用户电源输出端口通过线缆连接到控制柜右侧安装板的 XT5，24 V 和 0 V 各两片，具体引脚参考线缆线号。

防静电腕带介绍：防静电腕带原理为通过腕带及接地线，将人体身上的静电排放至大地，故使用时腕带必须与皮肤接触，接地线亦需直接接地，并确保接地线畅通无阻才能发挥最大功效。防静电腕带示意如图 6−11 所示。

注：在进行机器人维护或者更换控制柜内部器件时一定要佩戴防静电腕带，以避免静电带来的不必要损坏。

6.2.4 外部轴接口说明

根据客户需求通常可增加 1～3 个外部轴。

（1）SR6、SR10 系列：轻载机器人外部轴、用户 I/O 控制柜接口示意如图 6−12 所示。

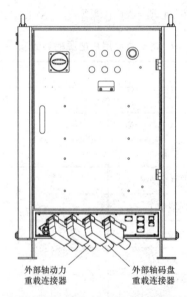

外部轴动力　　　　外部轴码盘
重载连接器　　　　重载连接器

图 6−12 轻载机器人外部轴、用户 I/O 控制柜接口示意

（2）SR10AL、SR20、SR35、SR50、SR80、SR120、SR165、SR210 系列：次轻载及以上机器人外部轴、用户 I/O 控制柜接口示意如图 6−13 所示。

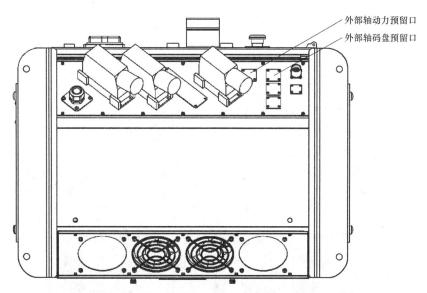

图 6-13　次轻载及以上机器人外部轴、用户 I/O 控制柜接口示意

（3）外部轴动力连接：轻载机器人外部轴动力线通过 RM2 重载连接器连接到外部轴电机侧，需要注意的是，由于外部轴动力重载和机器人互联动力重载相同型号，为了防止插错，在外部轴重载侧增加防插错定位销。

次轻载及以上机器人外部轴动力线通过 UP0 接口连接到外部轴电机侧直出线式，通过电缆紧固头直接引出外部轴动力线。

6.2.5　外部轴码盘连接

轻载机器人外部轴码盘线通过 RP2 重载连接器连接到外部轴电机侧，需要注意的是，由于外部轴码盘重载和机器人互联码盘重载相同型号，为了防止插错，在外部轴重载侧增加防插错定位销。

次轻载及以上机器人外部轴码盘线通过 UP1 接口连接到外部轴电机侧，外部轴连接器采用插座连接器输出，壳体号为 18，接触芯数为 32，接触件为插孔，插座安装形式为方形面板式板后安装；也可以直出线式，通过电缆紧固头直接引出外部轴码盘线。

6.2.6　用户 I/O 接口

根据客户需求，用户 I/O 可以采用连接器连接和直出式连接两种方式。连接器连接时，控制柜 RX1/RX2 每个接口采用插座连接器输出，壳体号为 18，接触芯数为 32，接触件为插孔，插座安装形式为方形面板式板后安装，插座端与用户 I/O 板一一对应焊接。直出式连接时，RX1/RX2 每个接口端配以电缆紧固头，用户 I/O 电缆直接连接在控制柜内用户 I/O 接口板上。通过连接器可与机器人本机底座 I/O 接口互联。

（1）轻载机器人本体信号线：

航插：32 芯，实际本体内为 24 芯信号线直连，引脚号为 1～24，无双绞；信号线规格：23AWG；额定持续电流为 0.7 A。

（2）次轻载及以上机器人本体信号线：

航插：32 芯，实际本体内为 32 芯信号线直连，引脚号为 1～32，相邻两个引脚号采用双绞线，即 1、2 双绞，3、4 双绞；信号线规格：25AWG；额定持续电流为 0.5 A。

6.2.7　本体介绍

机器人对各轴运动范围的限制有 3 种——软件限位、硬限位、机械死挡，其运动范围依次加大。硬限位是电路上的硬件限位，指的是机器人运动范围接近极限位置时触碰到硬限位开关，硬限位报警，机器人下电。

SR6C/SR10C 机器人只有 1 轴有硬限位，在 1 轴的后方，打开盖子，可以看到 1 轴硬限位结构，如图 6-14 所示。

图 6-14　SR6C/SR10C 的 1 轴硬限位结构

SR10AL/SR20 系列机器人的标准配置中只有 1 轴有硬限位，传感器类型相同，传感器外观示意如图 6-15 所示。

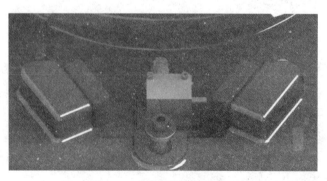

图 6-15　传感器外观示意 1

SR35/SR50/SR80/SR120/SR165/SR210 系列机器人的标准配置中 1 轴硬限位与 SR10AL/SR20 系列相同，且 2、3 轴也配备了硬限位装置。传感器外观示意如图 6-16 所示，2、3 轴硬限位如图 6-17 所示。

图 6-16 传感器外观示意 2

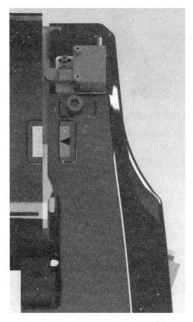

图 6-17 2、3 轴硬限位

6.2.8 本体码盘电池

新松工业机器人采用绝对码盘记录机器人的位置，绝对码盘的圈数信息的记忆是需要电池供电的。当电池没电时，电机码盘值的圈数信息丢失，控制器将因丢失机器人的当前位置信息而不能正常工作。

本体码盘电池一定在本体内，这样当本体和控制柜之间没有互联线缆连接时，电机仍然有电池供电而不会丢失码盘值的圈数信息。更换码盘电池时需要拆下底座的面板，取下码盘电池，拔下插头，重新插上插头前需要注意插头是否正极对正极，负极对负极，如果不是，需要更换插头内的线缆位置。正、负极插反将导致驱动器报警，并无法清除。

6.2.9 本体手动松抱闸板

1. 本体手动松抱闸板的位置

SR6/SR10 系列机器人没有抱闸板。SR10AL/SR20 系列机器人的手动松抱闸板的位置如图 6-18 所示。

SR35/SR50/SR80 系列机器人的手动松抱闸板的位置如图 6-19 所示。

SR120/SR165/SR210 系列机器人的手动松抱闸板的位置如图 6-20 所示。

手动松抱闸板的位置

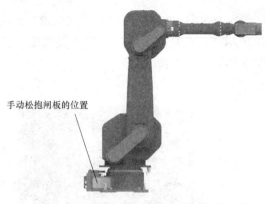

手动松抱闸板的位置

图 6-18　SR10AL/SR20 系列机器人的
手动松抱闸板的位置

图 6-19　SR35/SR50/SR80 系列机器人的
手动松抱闸板的位置

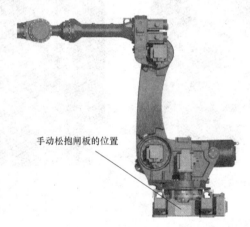

手动松抱闸板的位置

图 6-20　SR120/SR165/SR210 系列机器人的手动松抱闸板的位置

2. 本体手动松抱闸板的功能

机器人的姿态，在本体电机未上电的情况下，由电机抱闸保持；在本体电机上电的情况下，系统会给出松抱闸信号，电机松抱闸，机器人姿态由 UVW 三相电保持。

本体手动松抱闸板提供一组按钮，可以手动给出松抱闸信号，可以在断电的情况下令电机松开抱闸。本体抱闸板示意如图 6-21 所示。

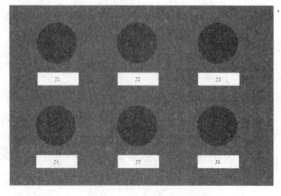

图 6-21　本体抱闸板示意

图中 S1～S6 为 6 个按钮，各按钮含义见表 6－2。

表 6－2　本体抱闸板按钮分配

LED	颜色	描述
S1	红色	手动松第 1 轴抱闸
S2	红色	手动松第 2 轴抱闸
S3	红色	手动松第 3 轴抱闸
S4	红色	手动松第 4 轴抱闸
S5	红色	手动松第 5 轴抱闸
S6	红色	手动松第 6 轴抱闸

3. 手动松抱闸的注意事项

手动松抱闸前必须考虑机器人的姿态保持。手动松抱闸要将机器人相应轴采用其他可靠方法保持姿态。未采用其他方法保持姿态或方法不可靠，可能造成人身伤害、设备损坏。手动松抱闸需确认各按钮与机器人轴的对应关系，不了解按钮含义而进行操作可能造成人身伤害、设备损坏。手动松抱闸板由一个盖板盖住，并未裸露在外，出厂前在盖板上贴有"请勿擅自解抱闸"标签，应维护好标签，并保证抱闸板不裸露在外，防止因其他原因误操作。

6.2.10　机器人本体上用户 I/O 接口

本体底座侧挡板处标准配置航插插座式连接器，壳体号为 18，接触芯数为 32，接触件为插针，插座安装形式为方形面板式板后安装。通过航插插头连接可与控制柜侧 I/O 接口互联。

本体三轴处标准配置航插插座式连接器，壳体号为 18，接触芯数为 32，接触件为插孔，插座安装形式为方形面板式板后安装。通过航插插头连接可以对外输出 I/O。

6.2.11　维护

机器人应定期维护，以保证其最佳性能。

注：通电时不要触摸风扇、制动电阻等设备，这样有触电、烫伤的危险。机器人维护清单见表 6－3。

机器人机械维护

表 6－3　机器人维护清单

维护设备	维护项目	维护周期	备注
控制柜	检查风扇	日常	
	是否有异常震动和噪声	日常	
	检查急停按钮	每月	
	配线是否有损伤	每月	
	连接器是否松动	每月	

续表

维护设备	维护项目	维护周期	备注
控制柜	检查门锁及密闭	每月	
	检查控制柜各功能按钮	每月	
	紧固部件是否松动	每12个月	
	检查控制柜电源开关	每12个月	
	更换风扇电机	每5年	使用条件：年平均温度40 ℃
	更换保险丝	每10年	有必要更换新品
本体	检查硬限位开关	每12个月	
	更换码盘电池	每4年	
示教盒	检查急停按钮	每月	
	检查上电按钮	每12个月	
	检查三挡使能开关功能	每12个月	
变压器	检查变压器风扇	每月	
	检查变压器电压指示表	每月	

当机器人在特定的工作环境中工作时，在日常维护中需要对某些项目格外关注，如下述环境：

（1）扬尘环境（焊接车间、粉袋码垛车间等）日常维护：清理灰尘。防止机器人控制柜灰尘导电或风扇堵死、影响关节润滑、注油孔堵塞。

（2）黏滞物环境（如喷漆、喷胶车间等）日常维护：清理黏滞物或更换罩衣。防止机器人关节黏滞、零位警示标签遮盖、示教盒显示器污损。

（3）腐蚀环境（如电镀车间、硫化车间等）日常维护：定期清除漆面鼓泡并补漆、清理发黑金属表面的腐蚀衍生物。防止本体腐蚀损伤等。

（4）潮湿环境（如机床上/下料、清洗、水切割车间）日常维护：及时擦除滴水、蒸汽或冷却液。防止机械生锈、内部构造损伤。

（5）高温环境（如铸造、锻造车间）日常维护：检查机器人表面有无掉漆、渗油、缺油并加快润滑脂注油频度。防止机器人烤炙造成润滑脂缺失。

（6）低温环境（如黄河以北地区）日常维护：检查工作环境温度是否达到使用温度，做好设备预热，防止低温损伤。

（7）振动环境（如冲压车间）日常维护：检查机器人固定螺钉紧度是否正常，防止螺钉松动导致连接失效和飞车事故。

6.2.12　控制柜的维护

（1）检查控制柜风扇：风扇转动不正常时，控制柜内温度会升高，系统就会出现故障，所以应在平常检查风扇的运转是否正常。检查内容为：风扇是否转动顺畅；风扇转动是否有明显噪声；风扇扇叶上是否有明显的灰尘及杂物。

（2）检查控制柜内的异常振动及噪声：检查控制柜内是否有异常振动及噪声，如果有，查找振动及噪声来源。

（3）检查急停按钮：每月定期检查急停按钮功能，确保急停按钮有效，能够起到急停的作用。

（4）检查门锁及密闭：控制柜的设计是全封闭的构造，外部灰尘无法进入控制柜。要确保控制柜门在任何情况下都处于完好关闭状态，即使在控制柜不工作时。由于维护等操作而开关控制柜门时，必须将开关手柄置于"OFF"后，用钥匙开关门锁（顺时针是开，逆时针是关）。打开门时，检查门的边缘部的密封垫有无破损。检查控制柜内部是否有异常污垢。如有，待查明原因后尽早清扫。在控制柜门关好的状态下，检查有无缝隙。

（5）检查控制柜电源开关：打开控制柜，使用万用表检查电源开关的输入端相间电压，检查在开关关闭情况下输出端的相间电压是否为 0 以及在开关打开时，输出端的相间电压是否正常。

更换保险丝：更换步骤——控制柜下电，打开柜门；打开 XT3 保险丝安装盒（由上向下打开），取出保险丝；更换新保险丝，安装连接器（XT3）。

6.2.13　本体的维护

（1）硬限位开关的检查：打开硬限位开关盖子，检查硬限位开关是否好用，按下开关，查看示教盒是否有硬限位报警。

（2）码盘电池的更换：电池电压一旦低于警告电压则需要更换码盘电池。更换码盘电池时按照下面的步骤进行：

① 打开机器人本体底座的后面板及盖板，注意不要让里面的线受力；
② 打开控制柜电源开关（不要伺服上电），查询当前关节值并记录；
③ 在控制柜连接本体并上电的情况下拔下码盘电池；
④ 连接新电池；
⑤ 关闭控制柜电源开关；
⑥ 重新启动检查当前关节值是否与之前记录的关节值相同，如相同，表示电池更换成功；
⑦ 取下旧电池及固定新电池；
⑧ 上好盖子。

（3）示教盒的维护：每次使用完示教盒后，要将示教盒及示教盒线缆悬挂在控制门上的示教盒挂钩上，养成良好的习惯，这有利于避免碰撞、摔打、踩踏等诸多原因造成的示教盒损坏。每月定期检急停按钮，确保急停按钮有效。示教编程器后面有使能开关，在示教模式下，应用使能开关确认能否给机械手上电（当轻握使能开关时，伺服是开的状态，如用力过大或松开，伺服将变为关的状态），根据按键力度分别测试其机械性能是否完好（检查其按键按下时有无故障，松手后是否可立即弹起）。

（4）变压器的维护：每月检查变压器的风扇是否正常旋转。每月检查变压器的电压表指针在通电时是否正常指向 220 V 输出电压，如果指针指示不正常或指针不动，应查明原因并在变压器的明显位置作危险警示标示，并尽快更换变压器的电压表。

6.2.14 更换部件

排除某些故障时需要更换部件。

（1）更换部件前的准备：更换部件前首先要确认待更换新部件的正确性，如果更换机笼内板卡，需要确认板卡的软件版本等，有关板卡的信息可咨询新松公司获得。更换部件前准备好相机，对更换步骤进行拍照有利于更换新件的状态恢复。

伺服单元更换

（2）更换部件的注意事项：

① 务必在断开电源后再打开控制柜的门（有触电的危险）。

② 切断电源 5 分钟后再更换伺服单元（包括制动电阻）、电源单元，在这期间不要触摸接线端子（有触电的危险）。

③ 维修中，在总电源（闸刀开关、断路器等）控制柜及有关控制箱处贴上"禁止通电""禁止合上电源"等警告牌，以免非有关人员合上开关（有触电的危险）。

④ 再生电阻器是高温部件，不要触摸（有烫伤的危险）。

⑤ 维修结束后，不要将工具忘在控制柜内，确认控制柜的门是否关好（有触电受伤的危险）。

⑥ 更换板卡类部件时需要佩戴防静电装置，如防静电手套、防静电环等。

⑦ 更换部件时不要佩戴手表、戒指等可能对电子元器件造成损伤的饰品。

（3）用户 I/O 接口板（UIO1）的更换：关闭主电源 5 分钟后开始操作，其间绝对不能接触端子；取下 I/O 接口板连接的全部电线、插头；取下 I/O 接口板两端的终端挡块；从导轨上取下 I/O 接口板；更换 I/O 接口板。安装作业与拆卸作业相反。

（4）系统 I/O 接口板（CB1 板）的更换：关闭主电源 5 分钟后开始操作，其间绝对不能接触端子；取下系统 I/O 接口板连接的全部电线、插头；取下系统 I/O 接口板两端的终端挡块；从导轨上取下系统 I/O 接口板；更换系统 I/O 接口板。安装作业与拆卸作业相反。

（5）伺服单元的更换：更换伺服单元，务必要切断电源 5 分钟后进行，其间绝对不要触摸端子（有触电的危险）。

更换顺序：关闭主电源 5 分钟后开始操作，其间绝对不能接触端子；确认伺服单元的充电指示灯（红 LED）熄灭；取下伺服单元连接的全部电线（3 相 AC 电源插头、再生电阻插头、AC 控制电源插头、PWM 信号插头、电机电源接线、电机码盘插头）；取下伺服单元连接的地线；取下安装伺服单元的上/下侧左、中、右 3 个螺钉；按住上、下侧将伺服单元取出。安装作业与拆卸作业相反。

6.3　机械维修

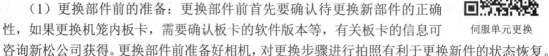

6.3.1 安全警示标识

在对新松工业机器人进行安装、使用、维护、检查等操作前，应该详细了解机器人的安全警示标识。这些标识均粘贴在机器人本体上。图 6-22 所示为机器人本体铭牌标识，图 6-23 所示为机器人控制柜铭牌标识，图 6-24

机器人铭牌

所示为吊装警示标识,图 6-25 所示为防撞警示标识,图 6-26 所示防挤压警示标识,图 6-27 所示为机械伤手警示标识。

SIASUN 工业机器人 Robot Body	**SIASUN** 机器人控制器 Robot Controller
型号 Type：_____　料号 ART NO.：_____	电源Power Supply：_____　型号Type　：_____
负载 Load：_____　工作半径 Reach：_____	典型功率Typical Power：_____　料号ART NO.：_____
日期 Date：_____　重量 Weight：_____	最大电流Max. Current：____　重量Weight：_____
	短路分断能力Icu　：_____　日期Date　：_____
沈阳新松机器人自动化股份有限公司	沈阳新松机器人自动化股份有限公司
地址：中国辽宁省沈阳市浑南新区全运北路33号	地址：中国辽宁省沈阳市浑南新区全运北路33号

图 6-22　机器人本体铭牌标识（粘贴在底座上）　　图 6-23　机器人控制柜铭牌标识（粘贴在控制柜柜门上）

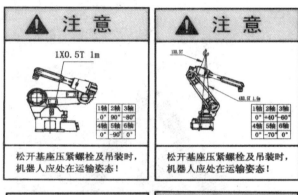

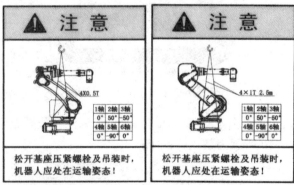

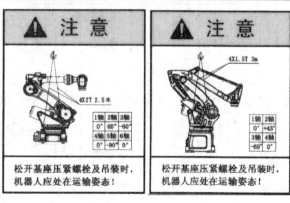

图 6-24　吊装警示标识（粘贴在底座盖板上）

注 意
电源开启时请远离工作区

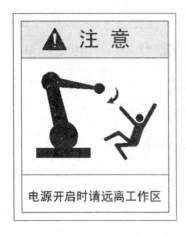

图 6－25　防撞警示标识（粘贴在大臂盖板上侧）

危 险
小 心 压 手

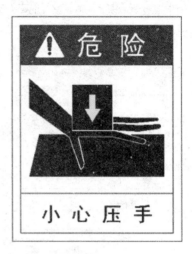

图 6－26　防挤压警示标识（粘贴在大臂侧上方）

图 6－27　机械伤手警示标识（粘贴在大臂内侧）

本体上还有各油孔的位置指示标牌。图 6－28 所示为油孔位置指示标识，图 6－29 所示为禁止拆卸标识，图 6－30 所示为禁止解抱闸标识。

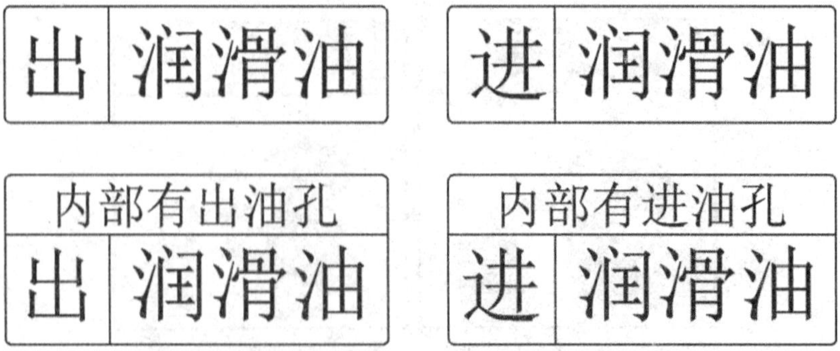
出 润滑油
进 润滑油
内部有出油孔
出 润滑油
内部有进油孔
进 润滑油

图 6－28　油孔位置指示标识（贴在各注油孔、出油孔附近）

图 6-29　禁止拆卸标识（贴在平衡杠的上方）　　图 6-30　禁止解抱闸标识（贴在抱闸盖板的上面）

6.3.2　采用配套外部设备

建议采用外部设备，安装下述设备中的部分或全部，以增强工作区域的安全性：

（1）安全围栏；

（2）照明幕；

（3）联动装置；

（4）警告灯；

（5）机械止动机构；

（6）紧急停止按钮。

6.3.3　严格遵守现场操作安全规定

现场维护人员执行维护任务时需遵守以下规定：

（1）不得戴手表、手镯、项链、领带等饰品与配件，也不得穿宽松的衣服，因为操作人员有被卷入运动的机器人之中的可能。长发人士妥善处头发后再进入工作区域。

（2）不要在机器人附近堆放杂物，保证机器人工作区域整洁，使机器人处于安全的工作环境中。

6.3.4　操作原则

（1）示教过程中应采取的操作步骤如下：

① 采用较低的运动速度，每次执行一步操作，使程序至少运行一个完整的循环。

② 采用较低的运动速度，连续测试，每次至少运行一个完整的工作循环。

③ 以合适的增幅不断提高机器人的运动速度，直至实际应用的速度，连续测试，至少运行一个完整的工作循环。

（2）执行模式下的安全操作原则如下：

① 熟悉整个工作单元。工作单元包括机器人、机器人的工作区域、所有外部设备以及需要与机器人产生关系的其他工作单元所占的区域。机器人运动类型可以连续设定，因此其可能在不同运动类型间转换，机器人运动区域包括其所有运动类型所涉及的运动空间。

② 在进入执行模式之前，了解机器人程序所要执行的全部任务。

③ 操作机器人之前，确保所有人员（除示教人员外）位于机器人工作区域之外。

④ 机器人在执行模式下运动时，不允许任何人员进入工作区域。

⑤ 了解可控制机器人运动的开关、传感器以及控制信号的位置和状态。

⑥ 熟知紧急停止按钮在机器人控制设备和外部控制设备上的位置，以应对紧急情况。

⑦ 机器人未运动时，可能是在等待输入信号，在未确定机器人是否完成程序所规定的任务之前，不得进入机器人工作区域。

⑧ 不要用身体制止机器人的运动。要想立刻停止机器人的运动，唯一的方法是按下控制面板、示教器或工作区外围紧急停止站上的紧急停止按钮。

（3）检查期间的安全操作原则如下：

① 关闭控制器处的电源。

② 切断压缩空气源，解除空气压力。

③ 如果在检查电气回路时不需要机器人运动，应按下操作面板上的急停按钮。

④ 如果检查机器人运动或电气回路时需要电源，必须在紧急情况下按下急停按钮。

（4）维护期间的安全操作原则如下：

① 当机器人或程序处于运行状态时，不要进入工作区域。

② 进入工作区域之前，仔细观察工作单元，确保安全。

③ 进入工作区域之前，测试示教器的工作是否正常。

④ 如果需要在接通电源的情况下进入机器人工作区域，必须确保能完全控制机器人。

⑤ 在绝大多数情况下，在执行维护操作时应切断电源。打开控制器前面板或进入工作区域之前，应切断控制器的三相电源。

⑥ 移动伺服电机或制动装置时应注意，如果机器人臂未支撑好或因硬停机而中止，相关的机器人臂可能会落下。

⑦ 更换和安装零部件时，不要让灰尘或碎片进入系统。

⑧ 更换零部件时应使用指定的品牌与型号。为了防止对控制器中零部件的损害和火灾，不要使用未指定的保险丝。

⑨ 重新启动机器人之前，确保在工作区域内没有人，确保机器人和所有的外部设备工作正常。

⑩ 为维护任务提供恰当的照明。注意，所提供的照明不应产生新的危险因素。

6.3.5　技术参数

为了保障维护人员的安全，维护人员需要了解机器人的各项参数，见表 6-4。

表 6-4　机器人参数表

类型	轻载机器人		次轻载机器人		中载机器人			重载机器人			码垛机器人	
型号	SR6	SR10	SR10AL	SR20	SR35	SR50A/B	SR80A/B	SR120	SR165	SR210	SRM160	SRM300
负载/kg	6	10	10	20	35	50	80	120	165	210	160	300
自由度	6		6		6			6			4	
重复定位精度/mm	±0.06		±0.06		±0.1			±0.2			±0.4	
本体重量	150	160	280	270	760	750	760	1 400			1 900	

安装环境	温度/℃	0～45
	湿度/℃	最大 90（无凝结）
	振动	小于 0.5 g

运动范围/(°)	1	±170		±180		±180			±180			±180	
	2	+90～-155		+95～155		+90～135			+60～-76			+45～-85	
	3	+190～-170		+255～-195		+280～-160			+230～-142			+20～-120	
	4	±180		±175		±360			±360			±360	
	5	±135		±135	±140	±125			±125				
	6	±360		±360		±360			±360				

最大运动速度/[(°)·s⁻¹]	1	150	125	195	195	180	170	170	110	110	95	130	85
	2	160	150	175	175	140	170	120	100	100	90	130	90
	3	170	150	180	180	180	170	120	100	110	90	130	90
	4	340	300	360	360	250	250	240	170	170	120	300	190
	5	340	300	360	360	250	250	240	170	170	120		
	6	520	400	600	550	350	350	300	260	230	190		

手腕允许力矩/(N·m)	4	12	15	22	39.2	147	206	294	588	921	1 274		
	5	9.8	12	22	39.2	147	206	294	588	921	1 274		
	6	6	6	9.8	19.6	78	127	147	343	461	686		

手腕允许惯量/(kg·m²)	4	0.24	0.32	0.63	1.05	10	13	28	59	78	120		
	5	0.16	0.2	0.63	1.05	10	13	28	59	78	120		
	6	0.06	0.06	0.15	0.25	4	5.5	11	22	40	70		

最大工作半径/mm	1 393		1 957	1 760	2 538	A: 2 050 B: 2 150	A: 2 050 B: 2 150	3 007	2 658	2 658	3 050	3 050

注：中载机器人分为 A、B 两种型号，其中 A 型为防爆机器人。

6.3.6　维护前的注意事项

（1）进行维护与检查之前，要确保主电源已经切断并挂出警示牌，在警示牌撤掉之前非相关人员请勿靠近。

（2）维护或检查工作必须由专业人员进行。

（3）为了保证机器人零位不丢失，维护过程中在下电状态下电池也必须保持连通，对电机编码器持续供电。

（4）定期的检查是在伺服经常上电的情况下进行的。

6.3.7　维护清单

（1）定期维护机器人是非常必要的，它不仅保证设备能在很长的时间内保持正常工作，而且还能防止误操作和确保操作安全。定期维护可参考"机器人维护清单"的检查步骤进行。

（2）在"机器人维护清单"中，检查负责人员被分为三级，第一级是用户授权的人员，第二级是受过专门训练的技术人员，第三级是服务公司的高级技术人员。

（3）非表格中规定人员不得进行不在职责范围内的检查与维护工作。

（4）如有表 6–5 中未提及的零部件维护，应联系新松公司。

表 6–5　机器人维护清单

频率	检查项目	具体检查内容	指定人员	技术人员	服务人员
每天	振动、异常噪声，以及电机过热	检查滑台的运动情况，确认其是否沿导轨方向平稳运动，无异常振动或声音。另外，检查电机的温度是否过高	●	●	●
	更改的可重复性	检查滑台的停止位置，确认是否未与前次的停止位置偏离	●	●	●
	零位置标志	查看零位置标志是否完好，是否损坏或丢失	●	●	●
	急停单元是否有效	检查急停按钮是否有效	●	●	●
每3个月检查	控制单元电缆	检查示教器的连接电缆是否存在不恰当扭曲，本体内电缆和互联电缆是否有磨损和破裂		●	●
	控制单元的通风部分	如果控制单元的通风部分有灰尘，应切断电源，并清理单元		●	●
	向导轨滑块注入润滑脂	推荐用户每3个月向导轨滑块注入润滑脂，以保证其使用寿命。可以根据使用频率，调整注入润滑脂的时间间隔		●	●
每6个月检查	易锈蚀零件	对所有未喷漆的螺母、螺钉及金属件涂抹防锈油，防止长期使用零件外观生锈		●	●

续表

频率	检查项目	具体检查内容	维护人员		
			指定人员	技术人员	服务人员
每年检查	机械单元电缆	检查机械单元电缆的插座是否损坏。检查电缆是否过度弯曲或出现异常扭曲。检查电机连接器和连接器面板是否连接牢靠			●
	清理并检查每个部件	清理每个部件（移去芯片等），检查部件是否存在问题或缺陷			●

6.3.8 轴润滑脂更换步骤

机器人更换油脂

（1）将机器人移动到需润滑位置；

（2）切断电源；

（3）移去润滑脂出口的密封油堵；

（4）提供新的润滑脂，直至新的润滑脂从出油孔流出；

（5）使机器人高速运行 5 分钟，排出多余油脂和空气；

（6）将密封螺栓上到润滑脂出口，重新使用密封螺栓时，用螺纹紧固胶密封螺栓。

如果不能正确执行润滑操作，润滑脂室的内部压力可能会突然增加，这有可能损坏密封部分，从而导致润滑脂泄漏和异常操作。因此，在执行润滑操作时，应遵守下述注意事项：

（1）执行润滑操作之前，打开润滑脂出口（移去润滑脂出口的插头或螺栓）；

（2）缓慢地提供润滑脂，不要过于用力，使用手动泵；

（3）仅使用指定类型的润滑脂，如果使用了指定类型之外的其他润滑脂，可能会损坏减速器或导致其他问题；

（4）润滑完成后，确认在润滑脂出口处没有润滑脂泄漏，而且润滑脂室未加压，随后闭合润滑脂出口；

（5）为了防止意外，应将地面和机器人上的多余润滑脂彻底清除。

6.3.9 管线包维护

210 kg 工业机器人除可应用在码垛、搬运等领域，其主要的应用为搭载伺服点焊机构（伺服焊钳管线包），应用于点焊生产线。本节主要介绍伺服焊钳管线包的配置、维护等内容。

管线包走线模型如图 6－31 所示。

（1）管线包配置如下：

① 管线包走线三轴以下部分采用约束带防护；

② 走线由若干绑线卡子固定；

图 6－31 管线包走线模型

③ 四轴选用防护罩内部走线方案，防护罩内壁及大筒表面贴有防磨胶带；

④ 四轴以上用弹簧进行防护，弹簧和走线分别进行了固定；

⑤ 走线在底座和三轴处分线，电缆线在电缆分线箱中分线，水管在水管接头处分线；

⑥ 机器人前端弹簧在五轴处安装了旋转装置；

⑦ 机器人末端装有焊钳转接件。

（2）管线包日常检查：执行日常系统操作之前，用肉眼检查部件是否存在损坏情况，管线包走线要随机器人各轴运转，无摩擦与缠线现象，各部件运转无异常噪声。

（3）管线包定期检查：机器人运行 12 个月以上要检查各个零部件的运转情况，具体有以下说明：

① 检查机器人管线包整体部件有无缺失或损坏，如有要及时补全和更换；

② 检查螺钉拧紧情况，保证各个螺钉紧固；

③ 检查各个绑线橡胶是否有老化或磨损现象，如有要及时更换；

④ 检查约束带有无破损，如有要及时更换；

⑤ 清理四轴防护罩内弹簧表面并重新涂抹 EP2 润滑脂，检查内壁的防磨胶带破损情况。

6.3.10 调整

产品发货前，新松公司已对机械单元的每个部分进行了仔细的调整，因此在到货时，客户通常不需要进行调整。但是在长时间使用或者更换了部件以后，需要进行调整。

软件限位定义了机器人的运动范围。软件可以对机器人各个轴的工作范围进行限制，调整软件限位的原因可能为：工作区域限制、工具和固件干涉点、电缆和软管长度。出厂前软件限位已经设置好，客户可以减小软件范围设置，如果需要加大软件范围设置则需要联系新松公司。

（1）上限：显示每个轴的运动范围上限，或正方向的轴限制。

（2）下限：显示每个轴的运动范围下限，或负方向的轴限制。

机器人的运动无法超出软件限位，除非出现了系统故障，导致零点位置数据的丢失，或出现了系统错误。

6.3.11 零位

机器人零位是机器人操作模型的初始位置。当零位不正确时，机器人不能正确运动。关于零位需要维护的内容为零位置标志、零位码盘记录。

零位置标志是机器人在校零姿态时指示各个轴位置的标志，在出厂前已经安装。需要在日常进行维护，如果有损坏或丢失的情况可以联系新松公司或采用其他方法标志轴位置。零位置标志示意如图 6-32 所示。

当机器人所有轴的零位置标志上的箭头对齐时，该机器人处于零位姿态。轻载机器人零位姿态如图 6-33 所示，次轻载机

图 6-32　零位置标志示意

器人零位姿态如图 6-34 所示，中载机器人零位姿态如图 6-35 所示，重载机器人零位姿态如图 6-36 所示，码垛机器人零位姿态如图 6-37 所示。

图 6-33　轻载机器人零位姿态

图 6-34　次轻载机器人零位姿态

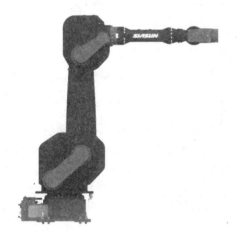

图 6-35　中载机器人零位姿态

图 6-36　重载机器人零位姿态

图 6-37　码垛机器人零位姿态

在更换或拆装电机后，将机器人走到零位置标志对准的位置校零，可最大范围地保留原本的零位置及示教位置。零位置标志也可以与零位码盘数相配合，精确地找回码盘电池没电、错误更换电池、拔下电机码盘线等原因造成的零位丢失,但零位置标志方法不能完全找回因拆卸机械传动部分而丢失的零位。

机器人出厂前已经精确校零,并将精确校零的结果——零位码盘记录以零位码盘标签的形式悬挂于机器人本体的吊环上。

零位码盘标签的参考格式见表 6-6。

表 6-6 零位码盘标签

本体号	
控制柜号	
零位码盘数值	
1 轴	
2 轴	
3 轴	
4 轴	
5 轴	
6 轴	

零位码盘记录是与本体相对应的,如果更换机器人本体和控制柜的组合,要在新控制柜的零位设定中输入原本体的零位码盘数值。零位码盘记录可以在更换控制柜、清除内存等操作后快速恢复零位并精确恢复所有示教位置。零位码盘记录需要在校零、更换控制柜组合等操作后进行维护。校零、更换控制柜组合后,原零位标签内的码盘记录将失效,需要记录新的码盘记录。零位码盘数值要求小于 4 096(每圈码盘线数)。

6.3.12 更换零部件

更换机械零部件时,一旦更换了电机、减速器和齿轮,就需要执行校零操作。重新进行密封螺栓时,应严格遵守下述说明(如果可能,应使用新的螺栓密封):① 重新密封时,应施加 LOCTITE 公司的 No.243 型号螺纹紧固胶;② 重新密封时先除去密封螺栓上多余的密封剂,并从顶部起均匀涂敷。

更换电机时,由于拆卸电机可能会使机器人受重力影响坠落,拆卸前应确保机器人已被支撑好,处于安全状态。

1. 更换 1 轴电机

1)移除

(1)切断电源,卸下腰座上的盖板;

(2)拆掉连接 1 轴电机的线缆;

(3)拆掉固定电机的螺栓;

(4)将电机从底座垂直拉出,注意不要损坏齿轮的表面;

(5)清理机器人流出的润滑脂;

(6)从电机轴上拆掉减速器安装螺栓,取下减速器输入轴;

（7）清除腰座上电机安装面上的端面密封胶。

2）装配

（1）将减速器输入轴安装到电机轴上；

（2）在腰座上的电机安装面涂端面密封胶，注意涂匀；

（3）将电机垂直安装到底座上，注意不要损坏减速器输入轴的齿面；

（4）安装固定电机的螺栓；

（5）除去电机周围多余的端面密封胶；

（6）注入润滑脂；

（7）安装连接电机的电缆；

（8）接通电源，执行校零操作。

2．更换 2 轴电机

1）移除

（1）将各轴置于零位，利用吊绳、吊环和 3 轴前臂管上的螺纹孔将机器人手臂悬吊，防止拆卸电机后在重力作用下机器人 2 轴大臂发生自由动作；

（2）切断电源；

（3）拆掉连接在 2 轴电机上的线缆；

（4）拆掉固定电机的螺栓；

（5）将电机从 2 轴水平拉出，注意不要损坏减速器输入轴的齿面；

（6）清理机器人流出的润滑脂；

（7）从电机轴上拆掉减速器安装螺栓，取下减速器输入轴；

（8）清除 2 轴上电机安装面的端面密封胶。

2）装配

（1）将减速器输入轴安装到电机轴上；

（2）在 2 轴上的电机安装面涂端面密封胶，注意涂匀；

（3）将电机水平安装到 2 轴安装面上，注意不要损坏减速器输入轴的齿面；

（4）安装固定电机的螺栓；

（5）除去电机周围多余的端面密封胶；

（6）注入润滑脂；

（7）安装连接电机的电缆；

（8）接通电源，执行校零操作。

3．更换 3 轴电机

1）移除

（1）将各轴置于零位，利用 3 轴臂管和 3 轴基座上安装的吊环，用吊索将其吊起，防止拆卸电机后小臂因重力原因落下，发生危险；

（2）切断电源；

（3）拆掉连接 3 轴电机的线缆；

（4）拆掉固定电机的螺栓；

（5）将电机从 3 轴水平拉出，注意不要损坏减速器输入轴的齿面；

（6）清理机器人流出的润滑脂；

（7）从电机轴上拆掉减速器安装螺栓，取下减速器输入轴；

（8）清除 3 轴基座上电机安装面的端面密封胶。

2）装配

（1）将减速器输入轴安装到电机轴上；

（2）在 3 轴上的电机安装面涂端面密封胶，注意涂匀；

（3）将电机水平安装到 3 轴安装面上，注意不要损坏减速器输入轴的齿面；

（4）安装固定电机的螺栓；

（5）除去电机周围多余的端面密封胶；

（6）注入润滑脂；

（7）安装连接电机的电缆；

（8）接通电源，执行校零操作。

4. 更换 4 轴电机

1）移除

（1）将各轴置于零位，用吊索支撑起小臂，防止拆卸电机后小臂自由旋转，产生危险；

（2）切断电源；

（3）拆掉连接 4 轴电机的线缆；

（4）拆掉固定电机的螺栓；

（5）将电机从 4 轴水平拉出，注意不要损坏减速器的波发生器部分的齿面；

（6）清理机器人流出的润滑脂；

（7）从电机轴上拆掉减速器安装螺栓，取下减速器压盖；

（8）拆去电机轴上的减速器的波发生器部分，再将轴套取下；

（9）清除 4 轴基座上电机安装面的端面密封胶。

2）装配

（1）将轴套安装在电机轴上；

（2）将减速器的波发生器部分安装到电机轴上；

（3）将压盖套在减速器安装螺栓上，并将螺栓安装到电机轴上；

（4）在 4 轴上的电机安装面涂端面密封胶，注意涂匀；

（5）将电机水平安装到 4 轴安装面上，注意不要损坏减速器输入轴的齿面；

（6）安装固定电机的螺栓；

（7）除去电机周围多余的端面密封胶；

（8）注入润滑脂；

（9）安装连接电机的电缆；

（10）接通电源，执行校零操作。

5. 轻载机器人与次轻载机器人的 5、6 轴电机更换

1）移除

（1）将各轴置于零位，拆下前臂管两侧的盖板；

（2）切断电源；

（3）松开 5 轴和 6 轴上的皮带，并将两条皮带都卸下；

（4）拆掉连接 5 轴电机的线缆；

（5）拆掉皮带轮安装螺栓；

（6）拆掉电机轴上的皮带轮；

（7）拆掉固定电机的螺栓；

（8）将电机从 5 轴（6 轴）水平拉出。

注：前臂管有防水性能的机器人在拆掉盖板后需要去除密封胶。

2）装配

（1）将电机水平安装到 5 轴（6 轴）的安装面上；

（2）安装固定电机的螺栓；

（3）将压盖套在皮带轮安装螺栓上，并将皮带轮安装在电机轴上；

（4）安装连接电机的电缆；

（5）将两条皮带安装在皮带轮上；

（6）调紧皮带；

（7）安装前臂管两侧的盖板；

（8）接通电源，执行校零操作。

注：前臂管有防水性能的机器人安装前臂管两侧的盖板之前需要在前臂管边缘与盖板结合处涂抹密封胶（普瑞德 PD538）。

6. 中载机器人与重载机器人 4、5、6 轴电机的更换

1）移除

（1）卸下机器人负载，将 3 轴电机顺时针转到软件限位位置，这样有利于电机拆卸；

（2）切断电源；

（3）拆卸连接在电机上的电缆；

（4）拆掉固定电机的螺栓；

（5）水平拉出电机，注意不要损坏输入轴传动齿轮的齿面；

（6）清理机器人流出的润滑脂；

（7）取下谐波减速器的波发生器、柔轮；

（8）清除基座上电机安装面的端面密封胶。

2）装配

（1）将输入轴安装到电机上；

（2）在基座上的电机安装面涂端面密封胶，注意涂匀；

（3）将电机水平安装到底座上，注意不要损坏齿轮的表面；

（4）安装电机固定螺栓；

（5）除去电机周围多余的端面密封胶；

（6）注入润滑脂；

（7）安装机器人电缆；

（8）接通电源，执行校零操作。

7. 更换平衡系统

平衡系统拆卸示意如图 6-38 所示。

1）移除

（1）将机器人的 2 轴移动到零位置标志；

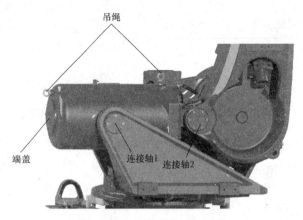

图 6-38　平衡系统拆卸示意

（2）切断机器人电源；

（3）在拆卸前用吊绳将平衡缸悬吊；

（4）取下端盖；

（5）拆除连接 2 轴；

（6）拆除连接 1 轴；

（7）用吊车将平衡缸垂直向上吊起，取下。

2）安装：

（1）为连接 1 轴、连接 2 轴以及铜套、轴承抹壳牌 EP2 润滑脂；

（2）安装连接 1 轴；

（3）安装连接 2 轴；

（4）安装 M33 螺母，使弹簧托板与平衡缸缸体完全脱开，相距 5 mm 左右；

（5）安装端盖。

6.4　故障诊断与排除

工业机器人是非常复杂和精密的设备，其故障涉及很多相互关联的因素，很难确定。如果未能及时采取相应的解决措施，故障可能会加重，甚至损坏机器人。因此，需要及时发现故障，并采取正确的解决办法以保证机器人安全、稳定地工作。详细内容请见表 6-7。

表 6-7　故障诊断与排除

现象	描述	原因	措施
振动与噪声	底座和底板之间存在微小间隙，当机器人工作时，在将底座固定到底板的焊接处存在噼啪声	［底座和底板固定］ 可能是因为不良焊接，底座未牢固固定在底板上。如果底座未牢固固定在底板上，当机器人工作时，底座可能会与底板稍微分离，使它们彼此撞击，从而导致振动与噪声	重新焊接底座和底板。如果焊接的强度不够，增加其长度和宽度

续表

现象	描述	原因	措施
振动与噪声	1 轴底座的固定螺栓松动，1 轴底座和底座之间存在微小间隙，当机器人工作时，造成振动与噪声	[1 轴底座固定] 　　如果机器人未牢固固定在底座上，当机器人工作时，1 轴底座可能会升起，使底座和底板彼此撞击，导致振动 　　（1）可能是因为底座固定螺栓松动，未固定牢固； 　　（2）可能是因为底座的表面平整度不够，或在底座和底板之间存在异物，使机器人未固定牢固	如果是因为螺栓松动，找到其位置并使用恰当的力矩锁紧。调整底座的表面平整度，使之处于规定的容差范围内。如果在 1 轴底座和底座之间存在异物，除去它们。如不然，当机器人工作时，支架或底板可能会出现振动情况
	机器人的作用力使支架或地面变形，导致振动与噪声	[支架或地面] 　　可能是因为支架或地面硬度不够	在底板上施加环氧树脂后，重新安装底座。强化支架或底板，使之硬度足够。如果无法强化支架或底板，调整机器人控制程序，这样可能减小振动程度
	当机器人取特殊位置时，振动加剧；如果降低机器人的工作速度，振动消失；加速时，振动最为明显；同时操作两个或多个轴时，振动出现	[超载] 　　（1）可能是因为机器人的负载超过了最大额定值； 　　（2）可能是因为机器人控制程序对机器人的硬件要求过高	再次检查机器人能处理的最大负载。如果发现机器人面临过载情况，减小负载，或降低机器人的运行速度。降低机器人的工作速度，调整加速过程将把整个循环时间的影响降至最低
	在机器人与物体发生碰撞或机器人长时间处于过载状态时，首次发现振动情况	[断裂的齿轮、轴承或减速器] 　　（1）可能是碰撞或过载导致机器人内部齿轮、轴承或减速器的损坏； 　　（2）可能是因为在过载情况下长时间使用机器人，由于金属疲劳，齿轮表面、轴承或减速器磨损； 　　（3）可能是因为在齿轮和轴承之间存在异物，或在减速器内存在异物，损坏了齿轮、轴承或减速器； 　　（4）可能是由于长时间未更换润滑脂，因金属疲劳，在齿轮表面，或轴承或减速器的滚动面出现磨损。这类因素均可能导致周期性振动和噪声	每次操作一个轴，以确定出现振动的轴，移去振动的轴的电机，检查齿轮，如齿轮表面有磨损、存在异物或有齿轮丢失，则应更换齿轮（即使齿轮表面的轻微磨损也会产生较大的噪声）。再检查驱动装置内的其他齿轮是否正常。如果所有齿轮的状况都不令人满意，就必须更换减速器。如果更换了齿轮或减速器后，情况仍未得到改善，可能是因为轴承已损坏，需更换。为防止出现驱动装置方面的问题，应在额定范围内使用机器人。 　　定期使用指定品牌、型号的润滑脂更换，能够防止金属疲劳引起的齿轮、轴承或减速器的磨损
	通过检查地面、支架或机械单元，无法确定故障原因	[控制器、电缆和电机] 　　如果问题出现在控制器回路，电机与控制器之间无法互相传递命令与信息，就会出现振动现象。 　　（1）可能是因为脉冲编码器出现故障，电机位置信息无法准确地传送到控制器；	更换振动轴电机的脉冲编码器，检查振动是否仍出现，同时检查是否为机器人提供了额定的电压。 　　检查电源线外壳是否损坏。如果是，更换电源线外壳。检查振动是否继续出现。

现象	描述	原因	措施
振动与噪声	通过检查地面、支架或机械单元，无法确定故障原因	（2）可能是因为电源电压低于额定值，从而出现振动现象； （3）可能是因为电机出现问题，而无法实现其额定性能； （4）可能是因为机械单元可移动电缆部分的电源线出现故障，电机无法对命令作出准确响应； （5）可能是因为机械单元可移动电缆部分的脉冲编码器连线出现故障，命令无法准确发送给电机； （6）可能是控制器、电机之间的连接电缆时断时续，导致振动； （7）如果将机器人控制参数设置为无效值，可能会出现振动现象	检查连接机械部分和控制器的电缆外壳是否损坏。如果是，更换连接电缆，检查振动是否继续出现。 如果仅在机器人取特定位置时出现振动，可能是因为机械单元内的电缆出现故障。当机器人处于静止状态时摇晃电缆的移动部分，检查是否出现告警。如果出现告警或其他异常情况，更换机械单元的电缆。 检查是否将机器人控制参数设置为有效值。如果设置成了无效值，将其更改成有效值。如果问题仍无法解决，联系新松公司
	出现机器人附近噪声	[来自机器人附近的噪声] （1）可能是因为机器人未正确接地，使接地线引入电气噪声，阻止了命令的正确传输，从而导致振动现象的出现； （2）可能是因为机器人在不恰当的点接地，接地电势变得不稳定，很可能会在接地线上引入噪声，从而导致振动现象的出现	确保可靠的接地点电势，牢固连接接地线，防止外部噪声
机器人本体有异响	在未给机器人提供电源的时，用手晃动机器人，机械单元的某些零部件随之晃动	[机械部分耦合螺栓] 可能是过载或碰撞使机器人的机械零部件的安装螺栓松动	检查每个轴的下述螺栓是否拧紧，如果有松动的螺栓，确定其位置，加螺纹紧固胶并使用恰当的力矩拧紧： 电机保持螺栓、减速器保持螺栓、减速器轴保持螺栓、底座保持螺栓、臂保持螺栓、外壳保持螺栓、末端执行器保持螺栓
电机过热	安装场所的环境温度增加，导致电机过热	[环境温度] 可能是环境温度的升高，电机导致过热	降低环境温度是防止过热的最有效方法
	更改了控制程序或负载后，电机过热	[工作条件] 可能是因为工作电流超出了最大平均电流	为电机提供良好的通风，有利于电机散热。使用风扇为电机吹风也是一种有效方法。 如果在电机附近存在热源，应安装屏蔽装置，防止电机受到热扩散的影响
	更改控制参数后，电机过热	[参数] 可能是因为工件的数据输入无效，使机器人无法正常加速或减速，电流增大，导致电机过热	输入恰当的参数

续表

现象	描述	原因	措施
电机过热	上述征兆之外的其他征兆	[机械部分的问题] 可能是因为机械单元的驱动装置存在问题，在电机上施加的载荷过大	参照前面关于振动、噪声方面的介绍，维修机械单元
		[电机问题] 可能是电机制动装置存在问题，导致电机在启用制动装置的情况下运行，从而使电机上承受的负荷过大	当伺服电机上电时，检查制动装置是否释放。如果制动装置仍加在电机上，则更换电机
润滑脂泄漏	润滑脂从机械单元泄漏出本	[不良密封] （1）可能是碰撞导致外壳出现裂缝； （2）可能是因为在拆卸或装配过程中损坏了密封圈； （3）可能是在灰尘磨损了油封，导致油封损坏； （4）可能是密封螺栓松动，使润滑脂沿螺纹流出，这与润滑脂注嘴的型号和螺纹的规格有关	如果外壳出现裂缝，可使用密封剂快速修补，防止进一步的润滑脂泄漏。但是，应尽快更换零部件，这是因为裂缝可能会继续扩大。如果是 O 形圈或油封有损坏，应及时进行更换。 若密封螺栓有松动，应使用合适型号的注嘴并拧紧
下降轴	制动装置不工作，当轴不驱动时，轴缓慢下降	[制动驱动继电器和电机] （1）可能是因为制动与驱动继电器触点粘在了一起，使制动电流通过，电机失电时制动操作失效； （2）可能是因为制动块已磨损或制动装置的主体已损坏，阻止了制动装置的有效工作； （3）可能是因为油或润滑脂进入了电机，导致制动装置出现滑动情况	检查制动与驱动继电器触点是否粘在了一起，如果是这样，更换继电器。如果制动块出现磨损，制动装置主体已损坏或润滑脂进入电机，应更换电机
偏移	机器人的工作位置不同于示教点，重复定位精度超出了容许范围	[机械部分的问题] （1）如果可重复性不稳定，可能是因为驱动装置出现故障或螺栓松动； （2）如果可重复性稳定，可能是因为碰撞导致底座表面的滑动，或电机与减速器表面上有相对滑动	如果可重复性不稳定，参见上面关于振动、噪声的介绍，维修机械部分。如果可重复性稳定，更正示教程序
	仅在特定的外围单元中出现偏移现象	[外围单元偏移] 可能是因为在外围设备上施加了额外的作用力，使其与机器人的相对位置发生偏离	更正外围设备的位置设置和示教程序
	更改了程序后出现偏移现象	[参数] 可能是因为改写了校对数据，从而使机器人原点发生偏移	重新输入以前的校对数据，这些数据已被确认为正确的。如果无法更正校对数据，则再次执行校对操作

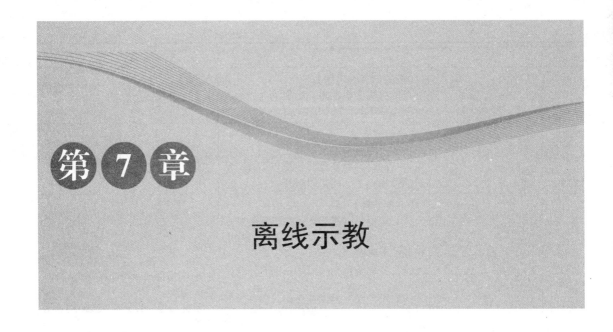

第 7 章

离线示教

本章目标

（1）掌握离线示教软件的安装方法；

（2）掌握虚拟工作站的构建方法；

（3）掌握离线示教仿真的步骤；

（4）掌握打磨机器人仿真方法；

（5）掌握淋涂机器人仿真方法。

7.1　基本介绍

SRVWS 软件是一款只适用于新松机器人的离线虚拟示教软件。通过 3D 仿真平台，建立虚拟工作站，能够将工程中用到的重要设备，包括机器人、夹手、工件、外部轴等全部部署到一个工程项目中，从而实现可视化调整对象位置、姿态，虚拟示教，虚拟调整点位，仿真运行和机器人联机。

SRVWS 软件有 4 种机器人系统可供选择：rh06-1、rh06-2、rh10-2 和 rh35。

在软件中会用到以下专业术语：

（1）RC：RC 为 Robot Controller（机器人控制器）的缩写，上位机通过与 RC 端口的连接，与机器人进行连接。

（2）工件坐标系：在本软件中创建的目标点全部基于工件坐标系，默认的工件坐标系为 Wobj0，用户可以创建多个工件坐标系。工件坐标系通常表示实际工件。

（3）基座（BF）：基础坐标系被称为"基座（BF）"，在 SRVWS 中，工作的每个机器人都有一个始终位于其底部的基础坐标系。

（4）工具坐标系（TCP）：TCP 为工具的中心点，所有的机器人在机器人的工具安装点处都有一个被称为 tool0 的预定义 TCP。当程序运行时，机器人将该 TCP 移动至编程的位置。

（5）机器人 Path 对象：机器人 Path 对象是目标点移动的指令顺序。机器人将按路径中定义的目标点顺序移动，路径信息同步到虚拟控制器后，将转换为数据类型为 PathLineModel 的实例。

（6）目标点：目标点是机器人要达到的坐标。调整姿态，选择不同的参考坐标系。参考坐标系有 3 种——Local、Parent 和 World，通过调整坐标和角度，来改变目标点的位姿。

（7）机器人 Jog：机器人运动，包括关节运动和机器人末端的直线运动。

7.2　图形界面介绍

1. Ribbon Bar 风格的菜单栏

Ribbon Bar 风格的菜单栏如图 7-1 所示，菜单说明见表 7-1。

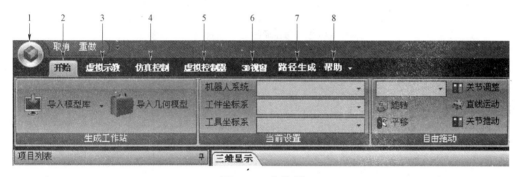

图 7-1　菜单栏

表 7-1　菜单说明

序号	部件说明	描　述
1	"文件"菜单	包括"新建工作站""打开""保存""另存为"和"关闭"等选项，可以查看最近使用的项目，并且包含"清空""选项"和"退出"按钮。详细信息请参阅 7.3.6 节"文件"菜单
2	"开始"选项卡	包括"生成工作站""当前设置""自由拖动"3 部分。详细信息请参阅 7.3.6 节"开始"选项卡
3	"虚拟示教"选项卡	包括"路径编程"和"工具"两部分，详细信息请参阅 7.3.6 节"虚拟示教"选项卡
4	"仿真控制"选项卡	详细信息请参阅 7.3.6 节"仿真控制"选项卡
5	"虚拟控制器"选项卡	包括与 RC 连接的功能模块，详细信息参阅 7.3.6 节"虚拟控制器"选项卡
6	"3D 视窗"选项卡	包括"观察方向制"和"缩放"两部分，详细信息请参阅 7.3.6 节"3D 视窗"选项卡

序号	部件说明	描 述
7	"路径生成"选项卡	单击"路径生成"按钮，可打开 CAM 软件
8	"帮助"选项卡	详细信息请参阅 7.3.6 节"帮助"选项卡

2. 项目列表树

项目列表树显示项目的根节点和子节点，包括项目名称，当前项目中应用的机器人、使用的工具和工件，机器人执行作业时行走的路径等，如图 7-2 所示。

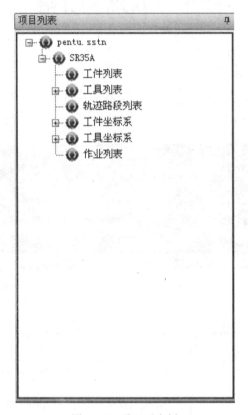

图 7-2 项目列表树

3. 三维显示区

三维显示区显示机器人、工具、工件和各个目标点以及坐标系，如图 7-3 所示。

4. 软件运行信息输出区

软件运行信息输出区显示工作站内出现的事件的相关信息，例如启动或停止仿真的时间。软件运行信息输出区中的信息对排除工作站故障很有用。

软件运行信息输出区包含 3 列：第 1 列说明消息内容，第 2 列说明生成消息的时间，第 3 列说明消息类别，每一行包含一则消息，如图 7-4 所示。

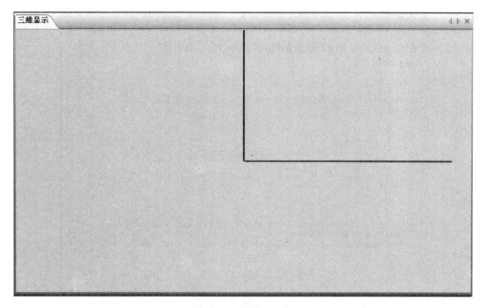

图 7-3　三维显示区

图 7-4　软件运行信息输出区

消息类型按照严重程度分为 3 种类型：一般信息、运动控制类信息、仿真运行信息。

那么，如何处理软件运行信息输出区中的信息呢？

对于过滤信息，在软件运行信息输出区的标题栏上有一个"信息类型"下拉组合框，可以通过选择下拉组合框中的选项过滤所需要的信息。

对于清空输出区，在输出区的标题栏上有一个"清空"按钮，单击该按钮便可将软件运行信息输出区中的信息全部清空。

5. 界面动态停靠和缩进

通过该功能可调整界面的大小。

7.3　软件的安装及介绍

7.3.1　软件的安装

1. 软件安装步骤

单击 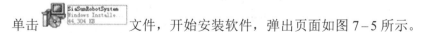 文件，开始安装软件，弹出页面如图 7-5 所示。

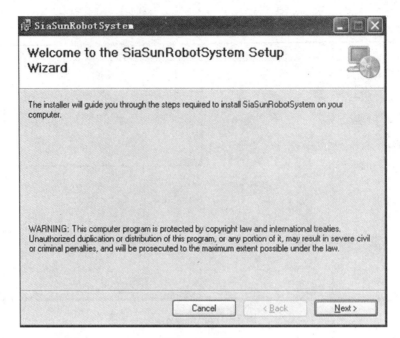

图 7-5　安装 1

单击"Next"按钮，如图 7-6 所示。

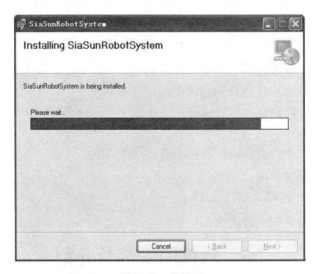

图 7-6　安装 2

等待进度条读满后，显示图 7-7 所示界面。

单击"Close"按钮，完成安装。

2. 软件授权步骤

虚拟工作站软件安装完毕后，在虚拟工作站安装文件中找到"生成授权凭证"文件夹，单击里面的可执行文件"GetInformationForLicence.exe"。

单击"生成"按钮，选择要生成授权凭证文件的目录，为文件取一个合适的名称（如"公司名+使用人名"），单击"保存"按钮，稍后会提示"生成成功"。

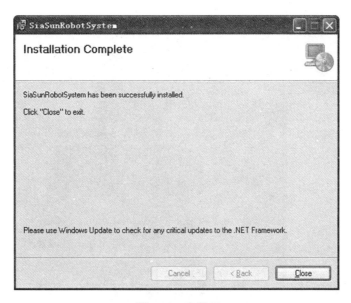

图 7 - 7　安装 3

将生成的授权凭证发给新松公司的管理员，管理员完成软件授权，再将授权后的文件拿到，启动虚拟工作站，会提示软件授权界面。

单击"浏览"按钮，浏览已经授权的文件，单击"授权"按钮即可。

7.3.2　建立虚拟工作站

（1）单击 ◈ 按钮，选择"新建工作站"选项卡，则弹出"新建工作站"界面。

（2）选择"已存模板"选项，则"选择系统模块"的界面上出现 4 种系统模块，可供用户选择，在这里以选取第 3 个系统模块为例，如图 7 - 8 所示。

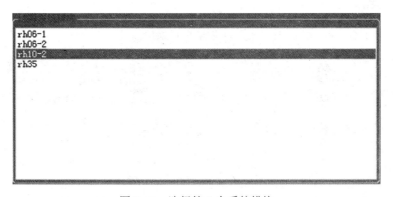

图 7 - 8　选择第 3 个系统模块

（3）填写作者信息和项目描述信息，用户自己定义工作站的名称，并且可以通过单击"浏览"按钮确定新工作站保存的位置。

（4）单击"确定"按钮，在填入信息无错误的情况下打开新建的工作站，如图 7 - 9 所示。

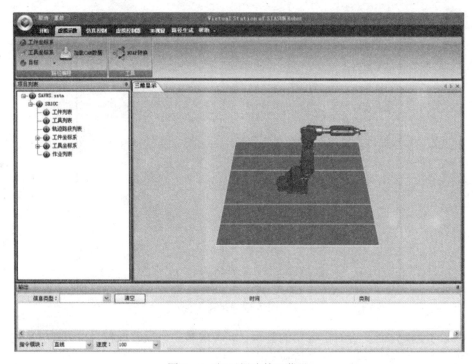

图7-9　打开新建的工作站

（5）加载工件和工具。

在项目中应用的工具和工件需要加载到项目中才能用。

选择"开始"选项卡，单击"导入模型库"旁边的下拉菜单，选择要加载的机器人模型、外部轴模型、工件模型和工具模型，将这些模型导入工作站库内。在工件列表的子节点可以看到已加载的工件模型，在工具列表的子节点可以看到已加载的工具模型。

7.3.3　机器人示教

单击"虚拟示教"按钮，弹出图7-10所示的菜单。

图7-10　虚拟示教菜单

选择当前的机器人系统、工件坐标系、工具坐标系。

可选择通过 Jog 方式创建目标点或者通过直接输入坐标方式创建目标点。单击"目标"下拉菜单中的"创建目标"按钮，打开创建目标点对话框，如图7-11所示。

定义位姿点的位置 X、Y、Z，以及定义位姿点的旋转 RX、RY、RZ，如图 7-12 所示。

图 7-11 创建目标点

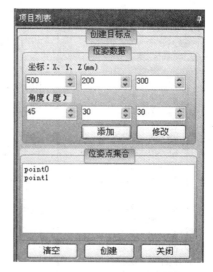

图 7-12 X、Y、Z 点位置

单击"添加"按钮，将位姿点加入位姿点集合中，单击"创建"按钮，创建两个目标点，如图 7-13 所示。

用鼠标右键单击位置点，弹出右键菜单，可以通过右键菜单的选项卡选择所需要使用的操作。单击"调整位姿"选项卡，弹出"调整位姿"对话框，可以调整在不同的参考坐标系下目标点的位置和姿态，如图 7-14 所示。

图 7-13 位姿点

图 7-14 调整位姿选项卡

单击"查看机器人"选项卡，可以查看机器人在当前目标点的姿态。

7.3.4 关于点位的配置项

根据机器人的运动学特性，即使设定机器人 TCP 点的姿态，各机械臂的旋转角度也会存在多种组合，必须指定一种配置，机器人才可以仿真运行到该点。对一条 path 对象，可以自动配置选项，机器人将逐步执行路径中的各个目标并设置文件，使 path 上的所有点自动选取合适的配置。

图7-15　未配置点位

没有对 path 上所有的点进行配置时，未配置点位如图 7-15 所示。

用鼠标右键单击位置点，弹出右键菜单，选择"修改工具"选项，选取需要的工具坐标系。

将第一个位置点作为参考点，用鼠标右键单击第一个位置点，弹出右键菜单，选择"配置"选项卡，对目标点进行配置。

选择配置 1、2、3、4……中的一种，选择配置时避免各轴关节值接近软限位，然后单击 应用 按钮，完成对第一个位置点的配置，若没有配置成功，则需调整位置点的位姿。如果配置成功，位置点的图标会发生变化；反之，位置点的图标不会发生变化。配置成功的第一个位置点如图 7-16 所示。

用鼠标右键单击路径的名称，在这里是"AL.txt"，选择"自动配置"选项，则会完成对其余点的配置，配置成功的位置点如图 7-17 所示。

注意：自动配置的结果会因第一个目标的配置文件的不同而有所差异。

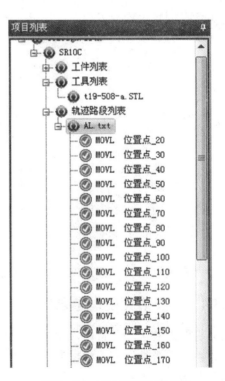

图7-17　成功配置全部点位

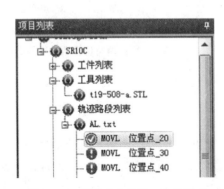

图7-16　配置成功的第一个位置点

7.3.5　与 SR_CAM_SoftWare 软件结合使用

1. 与 SR_CAM_SoftWare 软件结合使用

SR_CAM_SoftWare 是在 Windows 平台下，以 Visual C++ 2010 为开发工具所开发的计算机辅助加工软件系统，该系统主要处理三角网格，即 STL 模型，用于生成各种形式的加工/打磨/喷绘路径轨迹，经后置处理即可驱动 3/5 轴数控机床/机器人实现自动加工。

单击"路径生成"选项卡，打开 SR_CAM_SoftWare 软件平台。

单击"开始"选项卡中的"打开"按钮，选择文件，如图 7–18 所示。

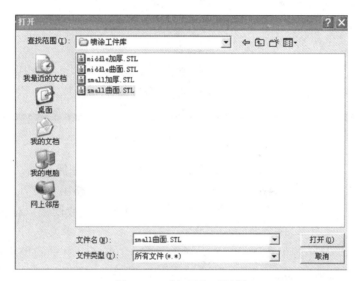

图 7–18　"打开"对话框

选择第 4 个文件，单击"打开"按钮。

单击"打开"选项卡中的"截面轨迹"按钮，打开"截面线型轨迹生成"对话框，如图 7–19 所示。

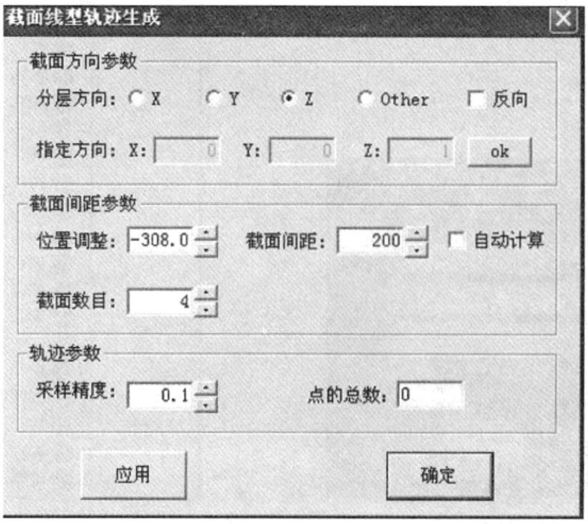

图 7–19　"截面线型轨迹生成"对话框

161

选择分层方向，并设置截面间距参数、轨迹参数，单击"应用"按钮，轨迹生成成功，如图 7-20 所示。

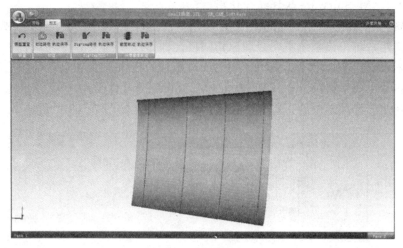

图 7-20　生成的轨迹

单击"加工"选项卡中的"轨迹保存"按钮，将生成的轨迹保存成".txt"文件。

单击"虚拟示教"选项卡中的"加载 CAM 数据"按钮，弹出"打开"对话框。

选择加载的文件，单击"打开"按钮，弹出"CAM 导入参数设置"对话框，如图 7-21 所示。

设置曲线方向、最小转角和采样间距，单击"确定"按钮，在轨迹路段列表里自动生成 path 对象"smallPath.txt"，添加了导入的轨迹点，如图 7-22 所示。

图 7-21　"CAM 导入参数设置"对话框　　　　图 7-22　添加的轨迹点

2. 仿真运行

仿真运行功能主要是动态地刻画机器人执行作业的过程，方便用户直观地了解机器人执行作业的整个过程。

选择轨迹路段列表中的任意路径，例如用鼠标右键单击路径"smallPath.txt"，弹出右键菜单，单击"仿真运行"按钮，机器人开始作业，如图 7-23 所示。

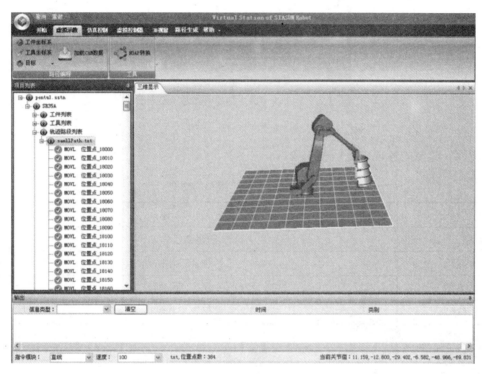

图 7-23　仿真运行

3. 和机器人联机功能

在进行联机之前，先连接电脑与机器人的控制器，连接需要一根网线。连接步骤如下：

（1）打开控制柜门；

（2）连接电脑网口与控制柜网口，控制柜网口在黄色的安全继电器内侧；

（3）在控制柜门打开的情况下开启机器人控制柜电源；

（4）在电脑软件中选择"虚拟控制器"选项卡，设置 IP 地址为 192.168.3.150，单击"连接"按钮，通过以太网连接到 RC 控制器；

（5）可以任意选择 path 对象下载到 RC，然后自动转换成机器人作业。

下载的作业和在线示教的作业一样可以编辑、运行。

7.3.6　菜单介绍

1. "文件"菜单

"文件"菜单包含"新建工作站""打开""保存""另存为""关闭"选项，可以查看最近使用的项目，并且包含"清空""选项""退出"按钮，如图 7-24 所示。

图7-24 "文件"菜单

"文件"菜单的各项功能见表7-2。

表7-2 "文件"菜单的功能

信 息	描 述
新建工作站	创建新工作站
打开	打开工作站
保存	保存工作站
另存为	保存工作站
关闭	关闭工作站
清空	清空最近使用的项目
选项	显示有关 SRVWS 选项的信息
退出	关闭 SRVWS

2. "开始"选项卡

"开始"选项卡包含"生成工作站""当前设置"和"自由拖动"3个功能模块,如图7-25所示。

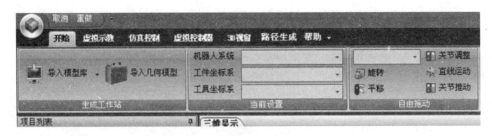

图7-25 "开始"选项卡

"生成工作站"功能模块包括"导入模型库"和"导入几何模型"两部分。"导入模型库"功能包括"机器人""外部轴""工具"和"工件"选项。

"当前设置"功能模块包括"机器人系统""工件坐标系"和"工具坐标系"。

"自由拖动"功能模块包括"旋转""平移""关节调整""直线运动"和"关节推动"功能。

"开始"选项卡的功能见表 7－3。

表 7－3　"开始"选项卡的功能

信息	描　　述
机器人	导入机器人模型
外部轴	导入外部轴模型
工具	导入工具模型
工件	导入工件模型
导入几何模型	导入现有的几何体模型，例如"*.stl"格式或者 CAD 格式的文件
机器人系统	显示当前工作站进行作业的机器人
工件坐标系	显示当前工作站应用的工件坐标系
工具坐标系	显示当前工作站应用的工具坐标系
旋转	设置机器人整体绕 X 轴、Y 轴或者 Z 轴旋转的角度，改变当前机器人的位姿
平移	设置机器人整体沿 X 轴、Y 轴或者 Z 轴平移的距离，改变当前机器人的位姿
关节调整	调整机器人各关节的位姿
直线运动	设置机器人末端的工具进行沿 X 轴、Y 轴或者 Z 轴的直线运动
关节推动	选中机器人的某个关节，调整关节旋转的角度来实现机器人的推动

3. "虚拟示教"选项卡

"虚拟示教"选项卡包括"路径编程"和"工具"两个功能模块，如图 7－26 所示。

图 7－26　"虚拟示教"选项卡

"虚拟示教"选项卡的功能见表 7－4。

表 7-4 "虚拟示教"选项卡的功能

信息	描述
工件坐标系	设置工件坐标系的属性
工具坐标系	设置工具坐标系的属性
示教目标	将当前机器人位姿存储为位置点
创建目标	创建新的目标点
创建关节目标	创建新的关节目标点
加载 CAM 数据	加载轨迹位置点数据
NOAP 转换	将机器人的 NOAP 转换为 RPY 矩阵，将机器人的 RPY 矩阵转换为 NOAP

工件坐标系属性见表 7-5。

表 7-5 工件坐标系属性

属性	描述
Name	对工件坐标系命名
HoldByRobot	若属性值为 true，将工件坐标系挂载到机器人末端中心；若属性值为 false，将工件坐标系挂载到机器人参考坐标系
RobotSystem	当前工作站的机器人模型
角度 RX，RY，RZ	工件坐标系的方位描述
位置 X，Y，Z	工件坐标系的位置描述

工具坐标系属性见表 7-6。

表 7-6 工具坐标系属性

属性	描述
Name	对工具坐标系命名
HoldByRobot	若属性值为 true，将工具坐标系挂载到机器人末端中心；若属性值为 false，将工具坐标系挂载到机器人参考坐标系
RobotSystem	当前工作站的机器人模型
角度 RX，RY，RZ	工具坐标系的方位描述
位置 X，Y，Z	工具坐标系的位置描述

"创建目标"菜单的功能见表 7-7。

表 7-7 "创建目标"菜单的功能

信息	描　述
添加	将位姿数据添加到位姿点集合
修改	修改位姿点集合中的某个位姿点的数据
清空	清空位姿点集合
创建	将位姿点集合内的位姿点加载到默认的工件坐标系下面，并将这些位姿点显示在三维场景中
关闭	关闭"创建目标点"对话框

4. "虚拟控制器"选项卡

"虚拟控制器"选项卡包含与 RC 连接的功能模块，如图 7-27 所示。

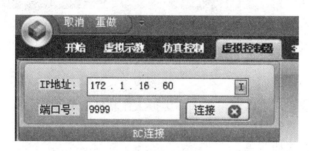

图 7-27 "虚拟控制器"选项卡

单击"连接"按钮，通过以太网连接到 RC 控制器，可以任意选择 path 对象下载到 RC，然后自动转换成机器人作业。其中下载的作业和在线示教的作业一样可以编辑、运行。

5. "3D 视窗"选项卡

"3D 视窗"选项卡可以从各个角度展示 3D 场景，可以方便用户从各个方向观察 3D 场景图形，如图 7-28 所示。

图 7-28 "3D 视窗"选项卡

"3D 视窗"选项卡的功能见表 7-8。

表7-8 "3D视窗"选项卡的功能

信息	描述
俯视图	从3D场景的上面向下面投射所得的视图
前视图	从3D场景的前面向后面投射所得的视图
左视图	从3D场景的左面向右面投射所得的视图
右视图	从3D场景的右面向左面投射所得的视图
斜45度	从3D场景的正前方的斜45度方向投射所得的视图

6．"帮助"选项卡

"帮助"选项卡如图7-29所示。

图7-29 "帮助"选项卡

单击"About"按钮，可以获得关于本虚拟工作软件的介绍。

7．右键快捷菜单

1）机器人的右键快捷菜单

机器人的右键快捷菜单如图7-30所示。

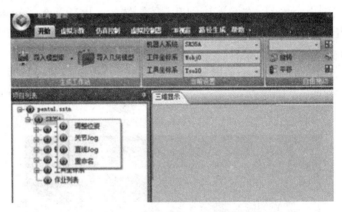

图7-30 机器人的右键快捷菜单

机器人的右键快捷菜单的功能见表7-9。

表7-9 机器人的右键快捷菜单的功能

信息	描述
调整位姿	调节机器人的参考坐标系、位置和方向
关节 Jog	选中机器人的某个关节，设置该关节运动要到达的目标点，包括位置和方向

续表

信息	描 述
直线 Jog	设置机器人末端沿 X 轴、Y 轴或者 Z 轴进行直线运动要到达的目标点，包括位置和方向
重命名	将机器人重新命名

（1）"调整位姿"功能：

选择不同的参考坐标系，修改机器人的位置 X、Y、Z 值，修改机器人的旋转 RX、RY、RZ 值。

单击"应用"按钮，就可以改变机器人的当前位姿，单击"关闭"按钮，则会关闭"调整位姿"对话框。

（2）"关节 Jog"对话框：

X、Y、Z 是关节运动要到达的目标点的位置，RX、RY、RZ 是关节运动要达到的目标点的方向，CFG 为当前关节配置值，TCP 为当前 TCP 的位置，Step 为关节移动的速度。

单击"关闭"按钮，则关闭"关节 Jog"对话框。

（3）"直线 Jog"对话框：

X、Y、Z 是直线运动要到达的目标点的位置，RX、RY、RZ 是直线运动要达到的目标点的方向，CFG 为当前关节配置值，TCP 为当前 TCP 的位置，Step 为直线移动的速度。

单击"关闭"按钮，则关闭"直线 Jog"对话框。

2）工件的右键快捷菜单

工件的右键快捷菜单如图 7-31 所示。

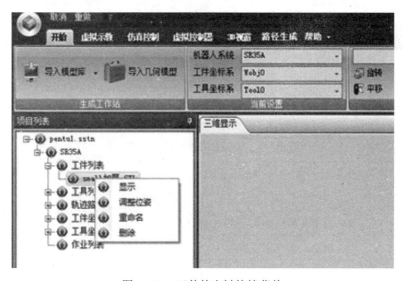

图 7-31　工件的右键快捷菜单

工件的右键快捷菜单的功能见表 7-10。

表7-10　工件的右键快捷菜单的功能

信息	描　　述
显示	将工件显示在三维场景中
调整位姿	调节工件的参考坐标系、位置和方向
重命名	将工件重新命名
删除	删除工件

对于调整位姿，可以选择不同的参考坐标系，修改工件的位置 X、Y、Z 值以及工件的旋转 RX、RY、RZ 值。

单击"应用"按钮，可以改变工件的当前位姿，单击"关闭"按钮，则会关闭"调整位姿"对话框。

3）工具的右键快捷菜单

工具的右键快捷菜单如图 7-32 所示。

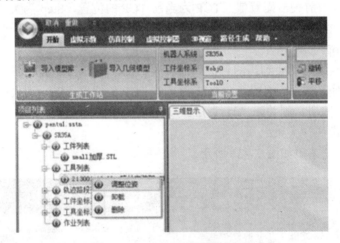

图7-32　工具的右键快捷菜单

工具的右键快捷菜单的功能见表 7-11。

表7-11　工具的右键快捷菜单的功能

信息	描　　述
调整位姿	调节工具的参考坐标系、位置和方向
卸载	将工具从机器人末端中心卸载下来
删除	删除工具

对于调整位姿，可以选择不同的参考坐标系，修改工具的位置 X、Y、Z 值以及工具的旋转 RX、RY、RZ 值。

单击"应用"按钮，可以改变工具的当前位姿，单击"关闭"按钮，则会关闭"调整位姿"对话框。

4）轨迹路段列表的右键快捷菜单

轨迹路段列表的右键快捷菜单如图 7-33 所示。

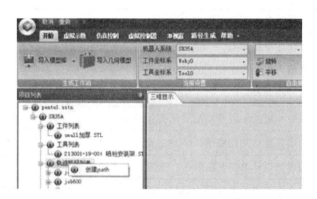

图 7-33　轨迹路段列表的右键快捷菜单

"创建 path" 命令的功能是创建一个新路径，路径由一组包含运动指令的目标点组成，在活动任务中将创建一个空路径。

5）路径的右键快捷菜单

路径的右键快捷菜单如图 7-34 所示。

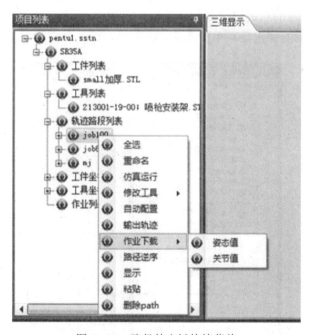

图 7-34　路径的右键快捷菜单

路径的右键快捷菜单的功能见表 7-12。

表 7-12　路径的右键快捷菜单的功能

信　息	描　　述
全选	选择路径内所有位置点
重命名	将路径重新命名
仿真运行	机器人将按照路径上的点进行作业
修改工具	修改作业对应的工具坐标系
自动配置	按照一定的配置策略配置所有位置点
输出轨迹	输出位置点的位姿值，NOAP 表示
作业下载	通过网口从 RC 下载作业，包括姿态值和关节值
路径逆序	该命令可以改变路径内目标点的序列,使机器人从最后一个目标点移动到第一个目标点
显示	显示位置点的 X、Y、Z 轴方向
粘贴	将复制的位置点粘贴在路径内
删除 path	将路径删除
显示 path	将路径用直线和箭头显示出来

6）工件坐标系节点的右键快捷菜单

工件坐标系节点的右键快捷菜单如图 7-35 所示。

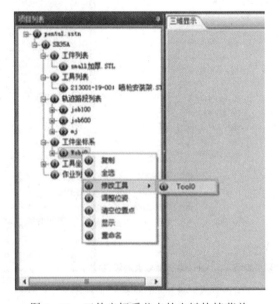

图 7-35　工件坐标系节点的右键快捷菜单

工件坐标系节点的右键快捷菜单的功能见表 7-13。

表 7-13　工件坐标系节点的右键快捷菜单的功能

信息	描　　述
复制	复制工件坐标
全选	全部选中工件坐标系下的位置点
修改工具	修改工件对应的工具坐标系
调整位姿	创建目标点
清空位置点	清空工件坐标下的位置点
显示	显示工件坐标系
重命名	将工件重新命名

目标点的右键快捷菜单的功能见表 7-14。

表 7-14　目标点的右键快捷菜单的功能

信息	描　　述
查看工具	查看工具在当前目标点的姿态
查看机器人	查看机器人在当前目标点的姿态
重命名	将目标点重新命名
配置	对目标点进行各关节的配置
显示	将目标点显示在三维显示区中
修改工具	选择对该目标点进行加工的工具
调整位姿	调整在不同的参考坐标系下目标点的位置和姿态
记录当前位置	在示教过程中修改该位置点的位姿，记录修改后的位姿值
添加到 path	将该目标点添加到指定的 path 路径中
删除	删除该目标点
复制	复制该目标点
粘贴	将复制的目标点粘贴到该工件坐标系的子节点中

7）工具坐标系节点的右键快捷菜单

工具坐标系节点的右键快捷菜单如图 7-36 所示。

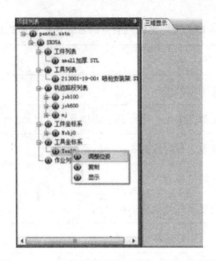

图 7-36　工具坐标系节点的右键快捷菜单

工具坐标系节点的右键快捷菜单的功能见表 7-15。

表 7-15　工具坐标系节点的右键快捷菜单的功能

信息	描　述
调整位姿	调节工具坐标系的参考坐标系、位置和方向
复制	复制工具坐标系
显示	将工具坐标系显示在三维显示区中

对于调整位姿，可以选择不同的参考坐标系，修改工具坐标系的位置 X、Y、Z 值以及工具坐标系的旋转 RX、RY、RZ 值。

单击"应用"按钮，可以改变工具坐标系的当前位姿，单击"关闭"按钮，则关闭"调整位姿"对话框。

7.4　实例1：打磨抛光

机器人的打磨抛光建立在大量的机器人磨抛试验和合理的工艺知识的基础上，涉及模型轨迹规划、机器人学、打磨抛光工艺等相关技术，对相关人员的技术水平要求较高。打磨抛光机器人实质是模拟人工操作来实现对工件的磨抛加工。在满足被加工工件质量的前提下，确定研磨抛光加工时机器人的运动速度、砂带轮与抛光轮转度、砂带粗细的合理使用顺序，规划加工路径和安排正交试验，以获得机器人磨抛加工的最优工艺参数组合，并制定机器人磨抛的加工策略。

机器人打磨抛光采用离线下载和手动示教相结合的方式，离线下载应对工件复杂曲面有较好的效果，手动示教具有磨抛轨迹规划灵活、速度快等优点。本节以下内容主要介绍如何使用离线下载的方式实现磨抛加工。

1. 建立工作站

运行 SRVWS 软件。SRVWS 软件的运行界面如图 7-37 所示。

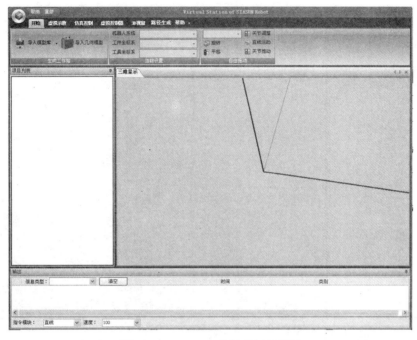

图 7-37　SRVWS 软件的运行界面

单击 按钮，选择"新建工作站"选项卡，弹出"新建工作站"界面，填写作者、项目描述信息，选择系统模块，填写工作站名称，浏览工作站保存的位置，如图 7-38 所示。

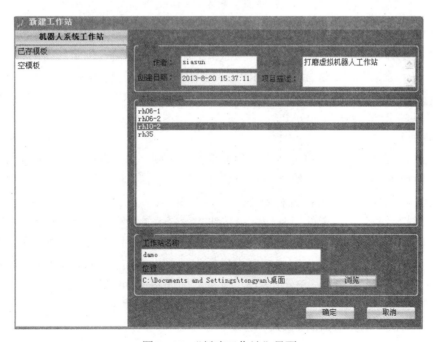

图 7-38　"新建工作站"界面

单击 确定 按钮，在填入信息无错误的情况下打开新建的工作站，如图 7-39 所示。

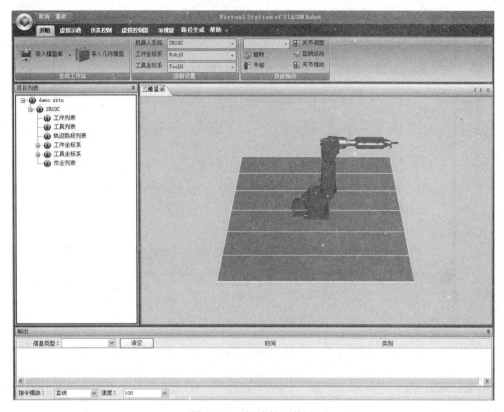

图 7-39　新建的工作站

2. NOAP 转换

NOAP 是坐标表示的一种方法，工具坐标和工件坐标都是通过标定获得的，其结果是用 NOAP 表示的，虚拟工作站坐标系是用 RPY 表示的，所以需要将 NOAP 转换为 RPY。

单击 NOAP转换 按钮，输入标定的 NOAP 数值，单击 "转 RPY" 按钮将其转换为 RPY 的数值，也可以由 RPY 转换为 NOAP。

3. 加载工具

加载工具是加载打磨轮和抛光轮，两种加载方法相同。主要有两步——模型加载和坐标系加载，其中模型加载的作用是给用户直观的可视化显示，坐标系加载的作用是让机器人知道磨抛轮相对于机器人本体的位置和姿态。

单击 "虚拟示教" 选项卡的工具坐标系按钮，设置工具坐标系的名称为 "砂带机 1 轮右侧"，属性 HoldByRoot 的值为 false，打磨点的坐标需要通过标定获得，参见《打磨机器人流程说明》文档；标定砂带机 1 右侧打磨点坐标为 x= 988.94，y= 95.87，z=-306.41，旋转角度为 Rx= 82.40，Ry=-0.63，Rz= 72.72，设置界面如图 7-40 所示。

单击 创建 按钮，即创建一个打磨点坐标，同样依次创建 3 个打磨点坐标，同为砂机 1 轮的右侧，则 3D 显示界面如图 7-41 所示。

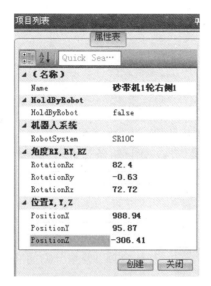

图 7-40　设置界面

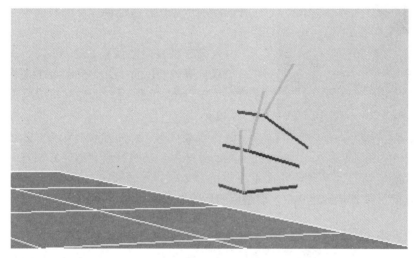

图 7-41　3D 显示界面

单击"导入模型库"旁边的 ▼ 弹出下拉菜单，选择"工件"旁边的 ▼ 弹出工件列表，选择工具"SDJD1-16"砂带轮。

选择"项目列表"下的"工件列表"，选中"SDJD1-16"，单击鼠标右键，弹出列表，选择"调整位姿"选项，调整砂轮，使砂轮的右边缘与上面 3 个打磨点相交。

注：三点定砂轮位姿的作用是纠正标定过程中打磨点位姿的标定误差，可以根据打磨点在砂轮中的位置适当地在软件中微调，可使虚拟环境中模型的位置与实际场景准确一致。

4. 加载 CAM 数据

CAM 数据为".txt"格式的文件，是打磨件外表面上的轨迹曲线，由 SR_CAM_SoftWare 软件生成。

在项目列表的工件坐标系中建立新的夹手坐标，与打磨轨迹的数量对应，在实际试验中将 t19-508-a 打磨件分为 8 个面，依次为 AL、AR、ALX、ARX、CL、CR、BL、BR。

选择"开始"菜单，在"当前设置"选项中选择要导入数据的工件坐标系和对应的工具坐标系。

选择"虚拟示教"选项，单击 [加载CAM数据] 按钮加载 AL 面的轨迹"AL.txt"。曲线方向与打磨点切向一致，可见数据点导入"夹手 AL"坐标系下。

注：新加载的位置点序号按顺序排列，如需显示所有点，可以全选后在右键菜单里选择"显示"命令，取消显示再次单击即可。

考虑到以后调整坐标的易操作性，建议每条轨迹对应一个新的工件坐标和工具坐标，新建相同的坐标可以通过坐标的复制、粘贴实现。

5. 轨迹点姿态调整

轨迹点姿态调整是借助手动干预调整轨迹姿态，使打磨件以合理的方向接触磨抛轮，以

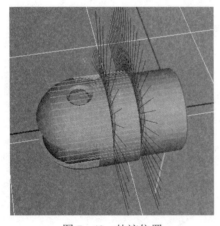

图 7-42　轨迹位置

避免对其他表面造成损坏，如造成损坏，则称受损表面为干涉面。调整分为简略调整和干涉面调整两类。简略调整是加载轨迹数据后，其数据点的姿态基本满足打磨要求，并且不存在干涉面的情况；干涉面调整则是存在打磨干涉的现象，需通过合理准确地调整才能满足打磨要求。

（1）第一种，简略调整。

加载打磨件 BL 面（t19-508-a 的左圆柱面）的轨迹数据"BL.txt"文件后，可观察轨迹位置点姿态，如图 7-42 所示。

调整轨迹点 X、Y 轴方向，X、Y、Z 轴分别定义为红、绿、蓝三色。参照打磨点 X、Y 轴方向调整位置点

姿态，磨抛轮旋转切向为 Y 轴，轮面垂直向里为 Z 轴，X 轴通过右手法则定义，所以调整方法是对位置点批量按 Z 轴旋转 90°，调整后的新轨迹姿态如图 7-43 所示。

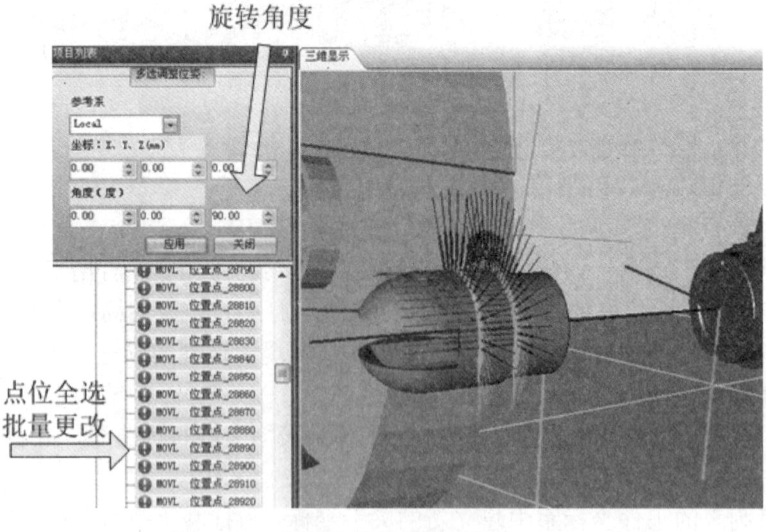

旋转角度

点位全选
批量更改

图 7-43　磨抛轮调整后的新轨迹

位置点可以批量调整，位置点姿态与打磨点姿态的相对关系如图 7-44 所示。

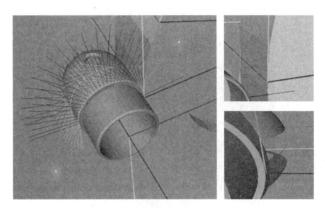

图 7-44　位置点姿态与打磨点姿态的相对关系

（2）第二种，干涉面调整。

按上面的方法加载打磨件 CL 面（t19-508-a 的左中间面）的轨迹数据"CL.txt"文件后，可观察轨迹位置点姿态，如图 7-45 所示。

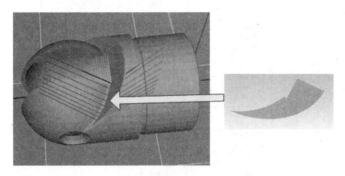

图 7-45　估计位置点姿态

按原始位置点配置，运行仿真后发现部分位置点打磨姿态导致打磨件其他表面受损，图 7-46 所示的球面为干扰面。

图 7-46　受损球面

对位置点姿态进行调整，Y 轴为磨抛轮转动切向，所以 Y 轴应避免与打磨件表面相交，调整方法即对位置点按 Z 轴旋转一定角度，使 Y 轴与球面边缘相切，结果如图 7-47 所示。

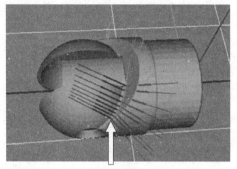

Y轴与球面相切

图 7-47　Y 轴与球面边缘相切

6. 仿真运行

（1）修改工具，轨迹路段列表下的轨迹名为离线下载的作业名，每个作业需对应一个打磨点工具坐标，可在右键菜单中的"修改工具"选项中选择所需工具坐标，如图 7-48 所示。

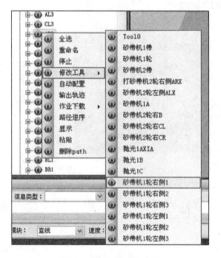

图 7-48　修改工具

（2）配置。配置机器人关节值时应先配置作业的第一个位置点，如果不配置则默认配置 1，自动配置时以配置 1 配置所有位置点。

单击"配置"按钮后选择配置项 1、2、3、4……其中之一，注意配置的关节值避免在软限位附近。单击"应用"按钮，第一点配置成功，显示为 ⚙，如图 7-49 所示。

单击 ⚙ 自动配置　按钮后，所有位置点显示为 ⚙，如图 7-50 所示。

注意：如果自动配置后存在不可配置点，因为此点配置的关节值超过软限位，可以通过调整位置点姿态解决。

（3）仿真运行。轨迹点配置成功后，可在虚拟环境中仿真机器人打磨过程，选中作业名后单击 ⚙　仿真运行　按钮即可。

图 7-49 第一点配置成功

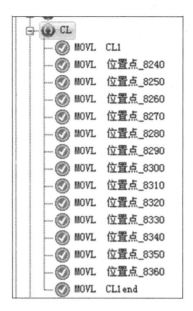

图 7-50 所有点配置成功

7.5 实例 2：淋涂

1. 建立工作站

运行 SRVWS 软件。SRVWS 软件运行界面如图 7-51 所示。

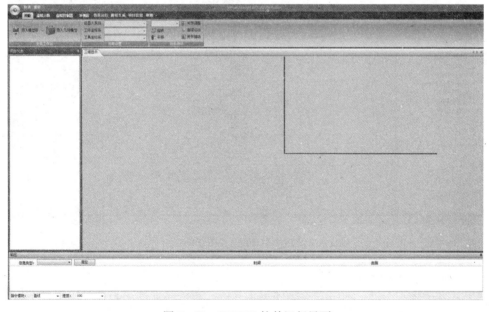

图 7-51 SRVWS 软件运行界面

单击 按钮，选择"新建工作站"选项卡，在弹出的窗口中填写作者、项目描述信息，选择系统模块，填写工作站名称，浏览工作站保存的位置等信息，如图 7-52 所示。

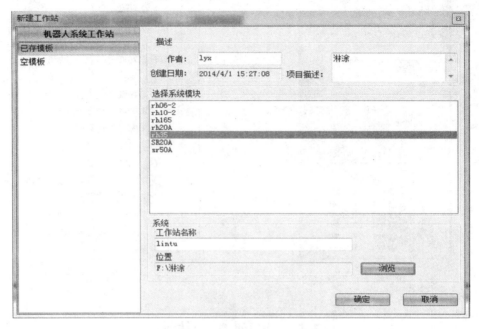

图 7-52 "新建工作站"界面

单击"确定"按钮，打开新建的工作站，如图 7-53 所示。

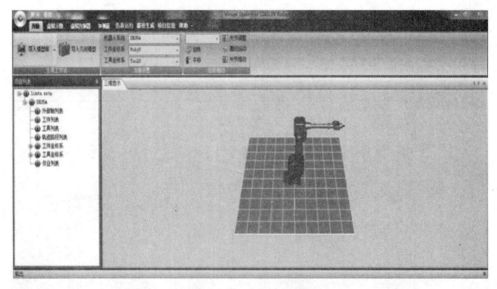

图 7-53 新建的工作站

2. 坐标系的建立与导入

采用三点法标定工件，采用五点法标定工具。注意：此处标定工件时应选择"工件"选项，而不是"用户坐标"选项，标定方法与标定用户坐标相同，如图 7-54 所示。

图 7-54　建立坐标系

　　导入已标定的工具坐标，在机器人示教盒的超级用户权限下，选择"主菜单"→"用户"→"工具坐标"→"设定"命令，将显示的参数记录下来，如图 7-55 所示。

　　单击软件左上角的 **虚拟示教** 选项卡，选择"工具坐标系"选项，在弹出的窗口中填入所记录的工具坐标系参数，单击"创建"按钮，如图 7-56 所示。

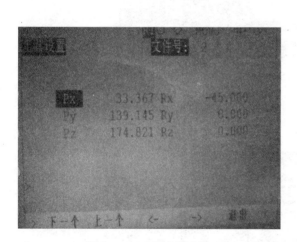

图 7-55　工具坐标参数

图 7-56　创建工具坐标系

　　导入已标定的工件坐标，在机器人示教盒的高级用户权限下，选择"主菜单"→"功能"→"设置"→"〉"→"变换矩阵"命令，将显示的工件坐标系矩阵参数记录下来，如图 7-57 所示。

　　选择"虚拟示数"→"NOAP 转换"命令，在弹出的窗口中填入矩阵参数，单击 **转RPY** 按钮，记录生成的参数，如图 7-58 所示。

图 7-57　工件坐标系矩阵参数

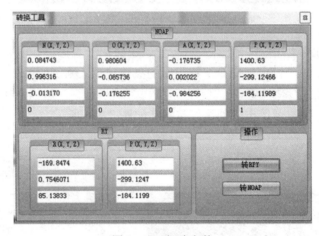

图 7-58　矩阵参数

单击 工件坐标系 按钮，在弹出的窗口中输入相应的参数，单击"创建"按钮，如图 7-59
所示。

图 7-59　输入相应参数

在"开始"选项卡中将默认的工具和工件坐标系改成新建立的坐标系。在"工件坐标系"和"工具坐标系"下拉列表中选择"WorkObject_1"以及"ToolData_1"。

3. 制作路径轨

单击"路径生成"选项卡，弹出窗口，如图 7-60 所示。

图 7-60　"路径生成"选项卡

单击"打开"按钮，加载需要淋涂的工件模型（工件模型的原点应与三点法所标定的工件坐标系的原点一致），通过"旋转""平移""适合窗口"命令将模型调整至合适的位置，如图 7-61 所示。

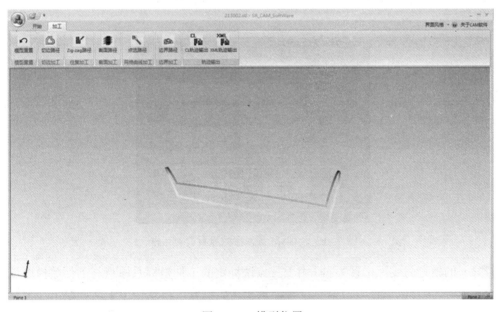

图 7-61　模型位置

单击"加工"选项卡，选择"边界路径"选项，根据淋涂工艺设置轨迹精度，单击"开始选择"按钮，在模型上点选轨迹的起点和终点，然后单击"确认轨迹"按钮，如图7-62所示。

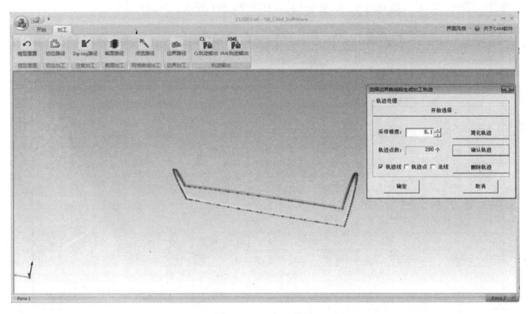

图7-62　确认轨迹

确认无误后，单击"确定"按钮，淋涂轨迹生成完毕。单击"CL轨迹输出"按钮将生成的轨迹以文本文件形式保存。

导入轨迹文件，选择"加载CAM数据"命令，加载已经生成的轨迹路径文件（注意在选择文件后缀的下拉菜单中选择文本文件）。设置CAM导入参数，单击"确定"按钮，如图7-63所示。

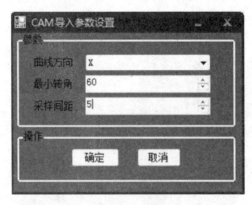

图7-63　"CAM导入参数设置"对话框

若导入的轨迹与实际位置不符（由于三点法标定的工件坐标系原点与工件数模原点位置不一致造成），可修改工件数模原点位置，重新制作轨迹或在软件中手动调整工件坐标系位置，方法如下：

用鼠标右键单击项目列表中的"WorkObject_1"，如图 7-64 所示。

单击"调整位姿"按钮，弹出图 7-65 所示窗口。

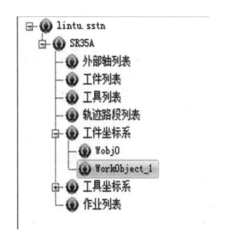

图 7-64　选择"WorkObject_1"　　　　　　　　图 7-65　调整位姿

在相应的位置输入数值，然后单击"应用"按钮，即可向相应的方向平移或者旋转所输入数值的距离或角度。例如：将工件坐标系原点向 X 方向平移 100 mm，再沿着 Z 轴旋转 90°，操作方法如图 7-66 所示。

如图 7-67 所示，输入数值，单击"应用"按钮，即可向 X 方向平移 100 mm，再输入相应数值，单击"应用"按钮，即可将工件坐标系沿 Z 轴旋转 90°。

图 7-66　步骤一　　　　　　　　　　　　图 7-67　步骤二

调整轨迹点方向，因淋涂时需保证喷头与工件的法线方向重合，所以要将轨迹点的 Z 轴正向（软件中显示为蓝色）调整至沿工件法线方向向内，调整方法如下：

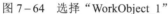

用鼠标右键单击轨迹名称（　　　　　　　　…），选择"全选"命令将全部轨迹点选中，然后用鼠标右键单击选中的轨迹点，在弹出的菜单中选择"调整位姿"命令，再在弹出的窗口中输入合适的数值，使所有轨迹点沿着 X 轴或 Y 轴旋转相应的角度即可。

若要删除多余的轨迹点，用鼠标右键单击想要删除的点，选择"删除"命令即可（可应用键盘上的"Ctrl"及"Shift"键一次性选择多个点同时删除）。

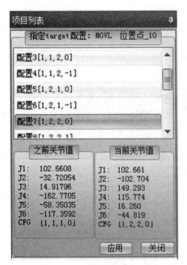

图 7-68　姿态配置

4. 机器人姿态配置

用鼠标右键单击第一个点（  ），选择"配置"命令，在弹出的窗口中选择一个合适的配置解，单击"应用"按钮，选择的标准是尽量避免机器人各关节值接近软限位，以及机器人本体与工件本体无干涉，如图 7-68 所示。

用鼠标右键单击轨迹名称，选择"自动配置"命令，软件会自动完成其余点位配置，配置完成的轨迹点前会显示"　"。

注：如在配置过程中需要大幅度调整机器人姿态，可采用如下方法手动生成新的轨迹点：首先用鼠标右键单击　SR35A，选择"关节 Jog"，在其中设置机器人各个轴的关节值，然后选择 "虚拟示教"选项卡，在"目标"下拉菜单中选择"示教目标"选项，即可在当前选择的工件坐标系下生成新的轨迹点。

当轨迹点没有配置解的时候，可适当调整滑台位置或调整轨迹点位姿重新尝试配置，即在保证轨迹点 Z 轴方向不变的前提下，使其沿 Z 轴旋转一个角度（一般可选 90°），多次尝试后即可找到合适的解。

所有轨迹点自动配置完成后，需要检查相邻的轨迹点的机器人各轴关节值是否有明显跳转过大的情况（超过 90°），如果有，则需要调整配置方案。

可根据需要修改机器人的运动方式（默认为直线运动），方法如下：选中需要修改的点，然后在软件左下角的 指令模块：直线 ▼ 速度：100 ▼ 区域调整运动方式以及速度。

5. 下载作业

当所有点位配置完成并检查无误后，可在"虚拟控制器"选项卡中将 PC 与机器人连接，如图 7-69 所示。

图 7-69　虚拟控制器

连接成功后，用鼠标右键单击轨迹名称，选择"作业下载"→"关节值"选项，即可在示教盒中自动生成作业。

7.6　机器人常见报警信息与解决方案

1. N 轴关节值超界

报警原因：该轨迹点的 N 轴关节值超出其软限位。

2. 位置超界

（1）报警原因：机器人从一个轨迹点向另一个轨迹点移动时，在调整姿态的过程中发生关节值超界（多发生于 MOVL 指令下）。

（2）解决方法：在工艺条件允许的情况下，将 MOVL 指令改成 MOVJ 指令，或在两个轨迹点间加入新的过渡轨迹点。

3. 关节 N 速度超界

（1）报警原因：相邻的两个轨迹点的 N 轴关节值跳转过大。

（2）解决方法：调整轨迹配置方案，或在两个轨迹点间加入新的轨迹点进行姿态调整。

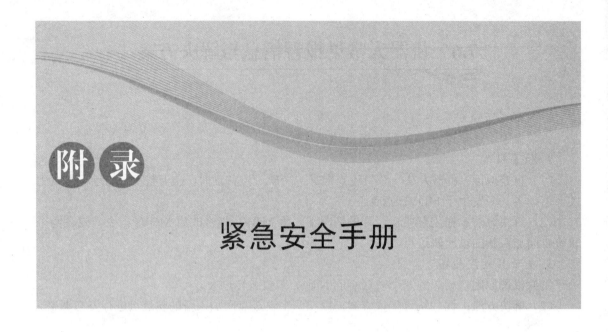

附 录

紧急安全手册

1. 紧急停止

出现下列情况时应立即按下任意紧急停止按钮:

（1）机器人出现危险障碍;

（2）机器人运行中,工作区域内有人员进入;

（3）机器人即将或已经伤害人身、损坏设备;

（4）其他需要紧急停止的情况。

注:操作人员暂时离开非自动运行下的机器人时,应按下紧急停止按钮。

工厂设计者应该在合适的位置放置其他紧急停止设备。这些紧急停止设备应符合相应标准。有关这些设备的摆放位置,请参阅工厂或车间的说明文档。

2. 使能开关

在示教操作下,出现下列情况时应松开或压紧使能开关:

（1）机器人出现任何故障;

（2）机器人最大动作范围内,除直接操作者外有其他人员进入;

（3）机器人即将伤害人身或损坏设备;

（4）操作人员注意力不集中或感觉疲劳;

（5）其他可能情况。

注:使能开关只在机器人示教模式下有效,不能用于自动运行模式下的机器人停止。

使能开关为3挡位开关,只有在中间挡位时机器人才能响应运动命令,松开和握紧使能开关都能使示教模式下的机器人停止运动。

3. 电源开关

出现下列情况时应关闭电源开关:

（1）机器人使用完毕或长期闲置不用;

（2）机器人控制柜进水;

（3）机器人出现短路、漏电等故障；

（4）机器人控制柜维护检修；

（5）电网维护、检修、试验等；

（6）其他需关闭电源的情况。

注：不要忽略控制柜外的其他电源开关，比如外部供电单元、焊机等的电源开关。如需切断这些电源，请参阅工厂或车间的相关文件。

4. 手动解除机器人抱闸

只有释放机器人抱闸后机器人的各个轴才能够被移动。足够轻的小型机器人可被人力移动，但大型机器人可能需要使用高架起重机或类似设备。释放抱闸前应确定已准备好合适的设备。

警告：释放抱闸后机器人可能会因为自身重力而出现下沉，在释放抱闸前，应先确保机器人的下沉不会对人员和设备产生伤害，以避免增加任何事故风险。

1）抱闸解除操作流程

（1）按下此机器人所属任意紧急停止按钮；

（2）确保人员和设备不会因抱闸解除操作而进一步损伤；

（3）手动抱闸解除，请参阅下文"抱闸解除详细说明"；

（4）处理现场并确保人员与设备不存在继续受损害的风险。

注：手动解除抱闸功能应仅在紧急情况下使用，手动解除抱闸功能不得用于包装、周转运输时的姿态调整等非紧急场合。

2）抱闸解除详细说明

释放手臂抱闸前，机器人应连接控制柜，且控制柜处于通电状态。

抱闸释放单元如附图1、附图2所示。根据机器人型号的不同，抱闸释放单元所处的位置可能有所不同。

警告：释放抱闸后的机器人即使有类似起重设备进行支撑，也可能会因为自身重力而出现一定下沉，在释放抱闸前，先确保机器人的下沉不会对人员和设备产生伤害，以避免增加任何事故风险。

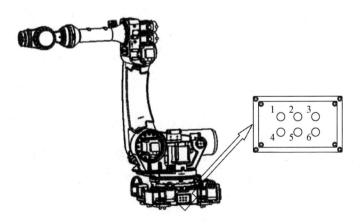

附图1　SR165B型165 kg机器人的抱闸释放单元

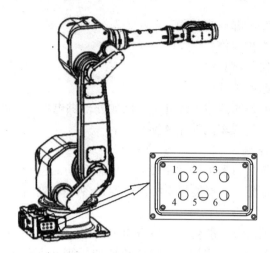

附图 2　SR50A 型 50 kg 机器人的抱闸释放单元

　　抱闸释放单元的一个按钮唯一对应机器人的一个轴。抱闸释放单元已用金属板进行保护。

　　按住内部抱闸释放面板上的对应按钮不动，即可释放特定机器人轴的抱闸。松开该按钮后，抱闸将恢复工作。

　　警告：新松机器人各个轴系的定义如附图 3 所示，操作解除按钮时要准确对应各轴系，避免误操作导致危险发生。

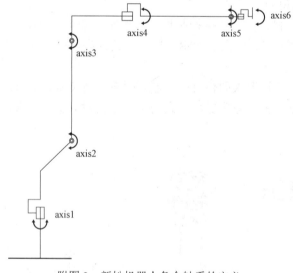

附图 3　新松机器人各个轴系的定义

　　注：如果机器人未连接到控制器，或控制器电源已关闭，则必须使用外部电源连接到机器人基座连接器之后再进行解除抱闸操作。关于怎样连接外部电源，请参阅附图 4、附图 5
　　警告：线路连接错误可能导致机器人损坏或同时释放所有抱闸。

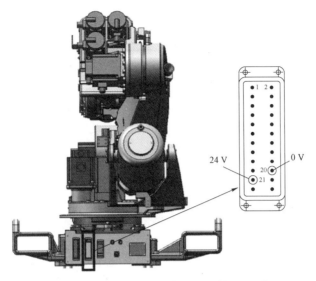

附图 4　SR165B 型 165 kg 机器人外接 24 V 电源

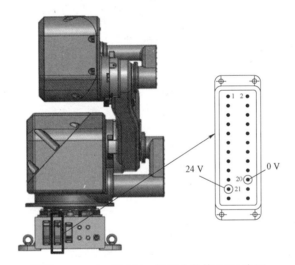

附图 5　SR50A 型 50 kg 机器人外接 24 V 电源